山东龙——穿越白垩纪

DINOSAURS IN SHANDONG:
BACK TO THE CRETACEOUS PERIOD

山东博物馆◎编著

山东友谊出版社·济南

图书在版编目（CIP）数据

山东龙：穿越白垩纪/山东博物馆编著. — 济南：
山东友谊出版社，2023.4
ISBN 978-7-5516-2547-0

Ⅰ.①山… Ⅱ.①山… Ⅲ.①白垩纪－恐龙－普及读
物 Ⅳ.① Q915.864-49

中国国家版本馆 CIP 数据核字 (2023) 第 030007 号

山东龙——穿越白垩纪
SHANDONGLONG: CHUANYUE BAI'E JI

责任编辑：陈冠宜
装帧设计：刘洪强

主管单位：山东出版传媒股份有限公司
出版发行：山东友谊出版社
        地址：济南市英雄山路 189 号　邮政编码：250002
        电话：出版管理部（0531）82098756
               发行综合部（0531）82705187
        网址：www.sdyouyi.com.cn
印　　刷：济南新先锋彩印有限公司

开本：889 mm × 1194 mm　　1/16
印张：12.5　　　　　　　　　字数：250 千字
版次：2023 年 4 月第 1 版　　印次：2023 年 4 月第 1 次印刷
定价：198.00 元

《山东龙——穿越白垩纪》编委会

◎ 主　　　任：郑同修

◎ 副　主　任：卢朝辉　杨爱国　张德群　王勇军　高　震　韩刚立

◎ 委　　　员：于　芹　于秋伟　卫松涛　马瑞文　王海玉　王　霞　左　晶　庄英博

　　　　　　　孙若晨　孙承凯　李小涛　李　娉　辛　斌　张德友　陈　辉　庞　忠

　　　　　　　赵　枫　姜惠梅　徐文辰　韩　丽（按姓氏笔画为序排列）

◎ 主　　　编：孙承凯

◎ 副　主　编：刘立群　阮　浩　刘明昊　贾　强

◎ 摄　　　影：周　坤

山东龙
穿越白垩纪
DINOSAURS IN SHANDONG
Back to the Cretaceous Period

序

　　我们赖以生存的这颗蔚蓝色的星球已经诞生46亿多年。大约38亿年前，最原始的细胞在海洋中得以孕育。在经历了最初漫长的荒凉死寂之后，地球上的生命走上了从单细胞生物到多细胞生物的奇妙演化之路。它们的足迹遍布全球，活跃在世界的每个角落：有的振翅高飞，在蓝天上翱翔；有的占据一方，在陆地上称霸；有的舒展身体，在碧海中徜徉……然而，没有哪一类史前生命能像恐龙那样令人瞩目，独霸地球达1.4亿年之久。《山东龙——穿越白垩纪》科普图录以山东恐龙为切入点，展示了恐龙时代的辉煌。

　　山东省拥有丰富的恐龙化石资源。在白垩纪，山东地区是众多恐龙生活的乐园。在莱阳、诸城、蒙阴等地的白垩纪地层中，研究人员发现了大量的恐龙化石及其遗迹化石。师氏盘足龙、棘鼻青岛龙、巨型山东龙就是其中的明星物种。

　　山东也是中国最早进行恐龙科学发掘与研究的地区之一，是"中国古生物学的一个摇篮、一个发祥地"。中国三代恐龙研究学者中的代表人物都曾投身于山东恐龙的调查、发掘与研究，他们筚路蓝缕，栉风沐雨，为中国乃至世界古生物学界带来了许多惊世发现，为世人拼缀出白垩纪山东恐龙的生命图景。

　　本书以山东博物馆同名展览为蓝本，通过通俗的语言、精美的标本照片、灵活的编排方式，将专业术语和知识点变得更加生动有趣。在编撰过程中，作者实事求是、博采众长，从化石开始，一步步引领读者走进神秘的山东史前恐龙王国，力图将有血有肉的中生代"霸主"进行几近真实的还原,把这些古生物明星的真实面貌与生活方式展现给各位读者。

本书通过生动详细的叙述揭示恐龙和其他史前动物的奥秘,以珍贵的馆藏化石标本和恐龙专家的科考照片,以及科学的恐龙生态景观复原,给广大恐龙爱好者带来一场饕餮盛宴。

哪里能找到恐龙化石?山东恐龙中有哪些明星物种?鸟类真的是恐龙的后裔吗?恐龙是怎样飞向蓝天的?与恐龙同时生存的其他生物都有哪些?一个个谜团,一个个疑问,都可以在本书中找到答案。

现在,就让我们跟随本书,打开神秘恐龙王国的大门,开启一次惊险神奇的探秘之旅吧!

山东博物馆党委书记、馆长 郑同修

目录

山　东　龙　——　穿　越　白　垩　纪

恐
龙
家
族

恐龙家族

爬行动物是中生代地球上的"统治者"，因此，中生代也被称为"爬行动物的时代"。恐龙是以直立步态为特征的陆生爬行动物，最早出现在2.4亿年前的三叠纪中期，在侏罗纪遍布各大陆，到了白垩纪多样性达到巅峰。在侏罗纪，恐龙中的一支演化为鸟类，其余的在6600万年前的白垩纪末期突然灭绝，留下许多未解之谜。

最新研究表明，鸟类由小型兽脚类恐龙演化而来，因此现生鸟类也属于恐龙，从而将我们传统意义上的恐龙称为"非鸟恐龙"。目前按照分支系统学的观点，学术界较为认可的恐龙的定义是三角龙、现代鸟类和梁龙最近的共同祖先及其所有后代。

1.1 恐龙的发现与命名

1824年，英国牛津大学教授威廉·巴克兰将之前在英国牛津北郊发现的大型爬行动物的骨骼化石命名为巨齿龙（*Megalosaurus*），意为"巨大的蜥蜴"。巨齿龙是世界上最早被命名的恐龙。

1842年，英国比较解剖学家理查德·欧文在演讲中首次使用了Dinosauria一词，对它的解释是"令人恐怖的大的蜥蜴"。Dinosauria由希腊词Deinos（恐怖的、可怕的）和Sauros（蜥蜴或爬行动物）合成而来。后来，Dinosauria一词一般被翻译成"恐怖的蜥蜴或爬行动物"。

1895年，日本学者横山又次郎将Dinosauria翻译成日文"恐

△ 威廉·巴克兰　　　　　　　　△ 理查德·欧文

龍"。中国早期地质学家将这个词语引入中国时采用了日文译法，翻译成"恐龙"。

1.2 恐龙的起源与演化

尽管恐龙的起源远不如恐龙的灭绝那样引人注目，但却是目前恐龙研究的热点之一。

恐龙属于爬行动物中的主龙类。爬行动物可以分为鳞龙类和主龙类两个大类，现生爬行动物中的蜥蜴类、蛇类属于鳞龙类，而龟类、鳄类则属于主龙类。主龙类起源于二叠纪晚期，在二叠纪与三叠纪之交的生物大灭绝后开始兴盛。三叠纪早期，主龙类分为两个主要类群：向鸟类方向演化的鸟跖类和向现生鳄类方向演化的假鳄类。鸟跖类又包括向翼龙方向和向恐龙方向演化的两支，鸟类就是向恐龙方向发展的一支。

目前已知最早的恐龙化石，如始盗龙和埃雷拉龙，发现于阿根廷的月亮谷，其时代为距今2.35亿至2.28亿年前的三叠纪晚期。巴西同时代的地层中也有恐龙化石发现，因此，南美洲被认为是恐龙的起源地。因为恐龙的姐妹群——西里龙科在2.47亿年前的三叠纪中期地层中已有发现，所以理论上推测最早的恐龙应该出现在三叠纪中期或更早。

在三叠纪大多数时间里，恐龙只是当时地球陆地生态系统中的一个较为边缘的类群，直到三叠纪末期大灭绝事件之后，从侏罗纪早期开始，它们才迅速扩张，称霸陆地，成为生态系统中的"主角"。在此期间，恐龙的两大分支蜥臀类和鸟臀类都得到了更大发展，属于蜥臀类的蜥脚型类和兽脚类极度繁盛，鸟臀类恐龙的几大类群也均已出现，并开始辐射演化。到了白垩纪，恐龙生活的陆地生态系统发生了巨变，其中对恐龙影响最大的应该是开花植物的出现，以及由此导致的昆虫类的大规模发展。这个时期，具有复杂高效摄食方式的鸭嘴龙类和角龙类取代了蜥脚型类成为植食性恐龙的主要类群，甲龙类取代了剑龙类，兽脚类中的鲨齿龙类和暴龙类依次跃居食物链的顶端，成为终极掠食者。

1.3 恐龙的分类

腰带是脊椎动物骨骼构造中连接脊椎与后肢的部位，由髂骨、耻骨和坐骨组成，三块骨骼共同围成髋臼窝，用来连接股骨。根据腰带结构的不同，恐龙分为蜥臀类和鸟臀类。

△ 蜥臀类恐龙腰带结构示意图

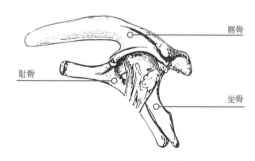

△ 鸟臀类恐龙腰带结构示意图

蜥臀类恐龙包括蜥脚型类和兽脚类。蜥脚型类中的蜥脚类头小，脖子很长，四足行走，以植物为食，是体型庞大的植食性动物，如马门溪龙、腕龙和梁龙等。兽脚类恐龙两足行走，种类很多，包括所有的肉食性恐龙，个别种类可能为腐食性或次生植食性，其中的一支大约在侏罗纪时期演变成鸟类的祖先。兽脚类恐龙体型变化大，有体长不足1米的小型种类，也有体型巨大、最为著名的霸王龙。

鸟臀类恐龙为植食性，包括鸟脚类、角龙类、肿头龙类、剑龙类和甲龙类，两足行走或者次生四足行走。

鸟脚类恐龙是鸟臀类中较早分化出来的类群之一，个体以中、小型为主，两足行走或半四足行走，如棱齿龙、禽龙和鸭嘴龙等。

角龙类是最后出现的一类鸟臀类恐龙，主要生活在白垩纪，包括原始的种类和进步的种类。原始的种类，头上都有数目不等的角，如鹦鹉嘴龙；而进步的种类则头骨后端向后长出一个宽大的骨质颈盾，如原角龙、三角龙。

肿头龙类在白垩纪早期演化出来，生存到白垩纪末期。肿头龙类个体小型，双足行走，头骨异常肿厚，如肿头龙。

剑龙类是鸟臀类中较早分化出来的类群，也是最早灭绝的类群。这类恐龙的头较小，四足行走，肩带长有肩刺，背部长有两列骨质甲板，尾端有两对长的尾刺，如剑龙、沱江龙。

甲龙类与剑龙类一样，起源于侏罗纪中期，但主要生活在白垩纪。其头骨呈盒状结构，身披厚重骨甲，尾端有巨大的骨质锤，身体低矮粗壮，行动笨拙，如甲龙、结节龙和绘龙等。

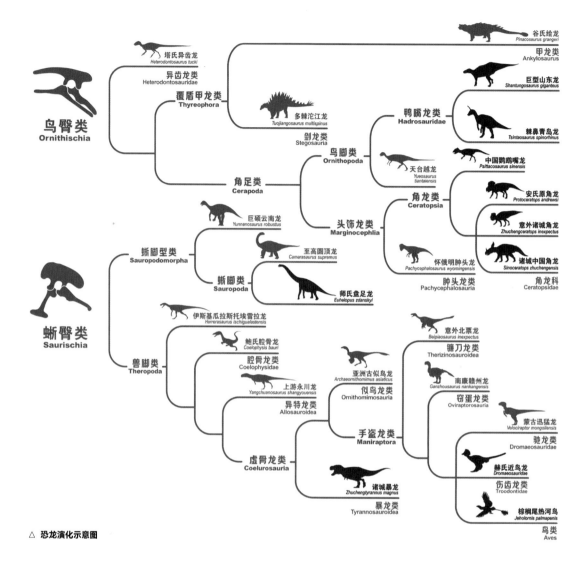

鸟臀类
Ornithischia

塔氏异齿龙
Heterodontosaurus tucki

异齿龙类
Heterodontosauridae

覆盾甲龙类
Thyreophora

多棘沱江龙
Tuojiangosaurus multispinus

剑龙类
Stegosauria

角足类
Cerapoda

鸟脚类
Ornithopoda

天台越龙
Yueosaurus tiantaiensis

头饰龙类
Marginocephlia

怀俄明肿头龙
Pachycephalosaurus wyomingensis

肿头龙类
Pachycephalosauria

鸭嘴龙类
Hadrosauridae

角龙类
Ceratopsia

谷氏绘龙
Pinacosaurus grangeri

甲龙类
Ankylosaurus

巨型山东龙
Shantungosaurus giganteus

棘鼻青岛龙
Tsintaosaurus spinorhinus

中国鹦鹉嘴龙
Psittacosaurus sinensis

安氏原角龙
Protoceratops andrewsi

意外诸城角龙
Zhuchengceratops inexpectus

诸城中国角龙
Sinoceratops zhuchengensis

角龙科
Ceratopsidae

蜥臀类
Saurischia

蜥脚型类
Sauropodomorpha

巨硕云南龙
Yunnanosaurus robustus

蜥脚类
Sauropoda

至高圆顶龙
Camarasaurus supremus

师氏盘足龙
Euhelopus zdanskyi

兽脚类
Theropoda

伊斯基瓜拉斯托埃雷拉龙
Herrerasaurus ischigualastensis

鲍氏腔骨龙
Coelophysis bauri

腔骨龙类
Coelophysidae

上游永川龙
Yangchuanosaurus shangyouensis

异特龙类
Allosauroidea

虚骨龙类
Coelurosauria

诸城暴龙
Zhuchengtyrannus magnus

暴龙类
Tyrannosauroidea

亚洲古似鸟龙
Archaeornithomimus asiaticus

似鸟龙类
Ornithomimosauria

手盗龙类
Maniraptora

意外北票龙
Beipiaosaurus inexpectus

镰刀龙类
Therizinosauroidea

南康赣州龙
Ganzhousaurus nankangensis

窃蛋龙类
Oviraptorosauria

蒙古迅猛龙
Velociraptor mongoliensis

驰龙类
Dromaeosauridae

赫氏近鸟龙
Dromaeosauridae

伤齿龙类
Troodontidae

棕榈尾热河鸟
Jeholornis palmapenis

鸟类
Aves

△ 恐龙演化示意图

恐龙家园

恐龙家园

地球环境的改变强烈影响了生物的演化。在中生代，泛大陆开始破裂、分离，并逐渐漂移，移动到接近它们现在的位置。板块运动造成的海洋和陆地位置变化、造山运动等也引起了气候的变化，伴随着这一过程，恐龙经历了从起源、发展到灭绝的兴衰史。

二叠纪末期全球性的生物大灭绝导致生物界发生重大变革，标志着古生代的结束，地球进入中生代。中生代是恐龙生活的时代，它被分为三叠纪、侏罗纪和白垩纪三个地质时期。

2.1 三叠纪

三叠纪（距今约2.52亿至约2.01亿年）是中生代的第一个纪，该时期的地层由明显的三个部分组成，因此得名。两亿多年前的三叠纪，地球上的海陆分布与现在完全不同，陆地连在一起形成一个超级大陆——泛大陆。三叠纪早期的地球整体气候炎热、干燥，赤道两侧广大区域内尤为干热。严酷的环境令绝大多数生物无法适应，形成了横贯全球赤道两侧地区的荒芜地带，被称为"死亡带"。因此，这些区域的三叠纪早期地层中罕有化石埋藏。三叠纪中期全球气候延续了三叠纪早期的干热气候，远离海洋的内陆地区气候仍然干燥，但沿海地区气候渐趋温暖、湿润。三叠纪晚期，全球气候呈现干湿交替的状态，其中的卡尼期相当湿润。

三叠纪的生物界面貌与二叠纪大不相同。在海洋中，软体动物

（菊石、双壳类等）、六射珊瑚、海绵类、海百合、有孔虫、苔藓虫等十分常见。在陆地上，三叠纪早期适应炎热干旱气候的草本石松植物——肋木曾短暂繁盛，而后裸子植物逐渐恢复并延续优势，蕨类和苏铁类植物在潮湿的地区茁壮成长，在干燥的地区生长着银杏和松类。

三叠纪，四足动物开始繁盛，种类繁多。陆生的水龙兽、犬颌兽等是接近于哺乳类祖先的似哺乳爬行动物，而鱼龙则将爬行动物从陆地返回海洋的演化推到极致。在三叠纪晚期，最早的恐龙出现，如始盗龙、黑瑞拉龙和腔骨龙等。它们的出现代表着恐龙时代的黎明。因为当时泛大陆的大部分还连在一起，这使得这些早期的恐龙迁徙和扩散到了整个世界。

2.2 侏罗纪

泛大陆在侏罗纪（距今约2.01亿至约1.45亿年）逐渐分离成两大部分——南方的冈瓦纳大陆和北方的劳亚大陆。似哺乳爬行动物的灭绝使得恐龙的多样性在侏罗纪早期得到快速发展，恐龙成为陆地的统治者。另外，侏罗纪温暖、湿润的气候和繁盛的植被，如松柏类、苏铁类、拟苏铁类、蕨类和银杏等，为大型恐龙的生存和演化提供了有利条件。在这一时期，蜥脚型类中的蜥脚类恐龙演化出体型巨大的种类，鸟臀类恐龙在这一时期也演化出剑龙、甲龙、异齿龙、棱齿龙、禽龙等不同的类群。较大体型的肉食性恐龙，如双棘龙、异特龙也在此期间出现。

2.3 白垩纪

白垩纪（距今约1.45亿至6 600万年）是地球演化和生命演化史上一个非常重要的转折时期，现今地球的地理格局和生态系统的雏形，正是在白垩纪形成的，如大陆和海洋的地理分布，以及哺乳动物、鸟类和被子植物主导陆地生态系统的局面。地球从此真正开启了"鸟语花香"的时代。在白垩纪，由于大陆的隔离使得恐龙多样性的演化达到了巅峰，高效率的植食性恐龙和最强大的肉食性恐龙都在白垩纪晚期出现了。但在白垩纪末期发生的生物大灭绝事件，却结束了恐龙统治地球长达一亿多年的时代，地球进入了哺乳动物飞速发展的新生代。

山东龙

山东龙

3.1 山东恐龙发掘研究简史

　　山东恐龙化石的发现与研究有着悠久而辉煌的历史。山东是我国较早发现恐龙化石的省份，根据蒙阴和莱阳的标本命名的师氏盘足龙和中国谭氏龙是我国最早的有效恐龙命名。另外，许多著名的地质学家和恐龙学者在山东开展过的有关恐龙的考察和研究工作也进一步彰显了山东在我国恐龙研究史上的重要地位。

3.1.1 20世纪20至30年代，奠定基础的阶段

　　1913年，德国神父麦顿斯（R. Mertens）在蒙阴县得到一些恐龙化石。大约在1916年，德国矿业工程师贝哈格尔(W. Behagel)将麦顿斯得到的数件标本转交给当时的中国地质调查所所长丁文江，其中一件为三个相连的大型恐龙脊椎化石。

△ 丁文江

△ 谭锡畴

1922年，我国自己培养的第一代地质学家谭锡畴和瑞典古生物学家安特生在蒙阴宁家沟（现属新泰）找到了恐龙化石。这是我国学者第一次在中国找到的恐龙化石产地。

　　1923年春，按照安特生的建议，谭锡畴和奥地利古生物学家师丹斯基（Otto Zdansky）来到山东继续进行恐龙化石的采集工作。他们在山东东部的莱阳、胶县和诸城，中部的莱芜、蒙阴和费县考察并采集到大量的恐龙化石，这些化石后来都由师丹斯基押运到瑞典的乌普萨拉大学。1929年，瑞典古生物学家卡尔·维曼（Carl Wiman）发表了这批恐龙化石的研究结果：将蒙阴宁家沟的两具不完整的蜥脚类恐龙化石命名为师氏盘足龙（*Euhelopus zdanskyi*），种名献给了化石的发现者师丹斯基；将莱阳天桥屯及将军顶一带发现的鸭嘴龙类化石命名为中国谭氏龙（*Tanius sinensis*），属名献给了发现者谭锡畴。

　　谭锡畴对山东中生代地层所进行的调查具有开创性意义，为后来山东恐龙化石的进一步发掘打下了基础。

△　师丹斯基在博物馆展柜中观察师氏盘足龙化石骨架

△ 卡尔·维曼在研究师氏盘足龙化石

△ 吉尔摩

古生物誌丙種第六號　第一冊　瑞典維曼著

山東白堊紀恐龍類

中華民國十八年一月

農鑛部直轄地質調查所印行

（與國立中央研究院合作）

△ 卡尔·维曼的专著

1933年经美国古生物学家吉尔摩（C. Gilmore）确认和1995年经法国学者布菲托特（Buffetaut）确认，谭锡畴采集于莱阳化石中的四个尾部脊椎、一个荐椎和与其相连的右髂骨属于甲龙类的似谷氏绘龙（*Pinacosaurus* cf. *grangeri*）。这是在中国发现的最早的甲龙类化石。

　　1934年10月下旬，中国古脊椎动物学之父杨钟健和他的助手卞美年到山东中部的莱芜、新泰、蒙阴和泗水等地进行了新生代地质调查，在蒙阴宁家沟附近又采集到恐龙化石。杨钟健在1935年的研究论文中记述了此次采集的标本，同时描述了贝哈格尔转交给丁文江的那件三个相连的脊椎标本，认为其属于师氏盘足龙，并指出这件标本是我国最早发现的恐龙化石。

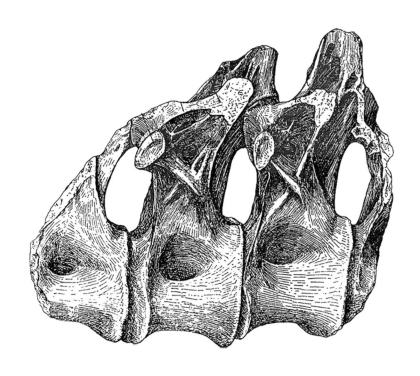

△ **师氏盘足龙的背椎**

3.1.2 20世纪50年代至21世纪初，发现和研究的繁盛时期

新中国成立后，我国恐龙化石的发掘最先是从山东开始的。1950年春，山东大学地质矿物系王麟祥、关广岳带领学生开展野外实习，在莱阳的金岗口、赵疃一带发现了恐龙骨骼化石和恐龙蛋化石。1951年，山东大学地质矿物系副教授周明镇对这批材料进行了初步研究。在恐龙蛋化石的研究中，周明镇除了对蛋化石的宏观特征进行了描述，还采用磨片的方法对蛋壳的微观结构进行了研究，开启了我国恐龙蛋化石研究的先河。

1951年夏，杨钟健、刘东生和王存义到莱阳对恐龙化石进行了系统发掘，在金岗口获得很多鸭嘴龙类化石，在陡山一带发现了鹦鹉嘴龙化石，在莱阳西南采集到47枚恐龙蛋化石和大批的蛋壳碎片。刘东生还在莱阳北泊子发现了恐龙足印化石。1960年，杨钟健研究了这些足迹化石，认为是虚骨龙类的足迹化石，并将其命名为刘氏莱阳足印（*Laiyangpus liui*）。后来，洛克利（Martin G. Lockley）等人则指出这些足迹化石应是鳄类的足迹化石。目前被广

▽ 刘氏莱阳足印

泛接受的是这些足迹化石是龟鳖类的足迹化石。

1951年，刘东生在《科学通报》上发表论文，介绍新中国成立后的首次恐龙发掘过程。1954年，杨钟健对莱阳的恐龙蛋化石进行了研究，提出了初步的蛋化石分类方案。

1958年，杨钟健在《青岛龙的装架和复原》这篇文章中介绍说，金岗口的化石经修理和装架后成为我国最完好的鸭嘴龙骨架——棘鼻青岛龙（*Tsintaosaurus spinorhinus*）。棘鼻青岛龙是我国继云南禄丰发现的许氏禄丰龙之后的第二个成功装架的恐龙骨架。

1958年，杨钟健发表专著《山东莱阳恐龙化石》，命名了在莱阳发现的5种恐龙：棘鼻青岛龙、金刚口谭氏龙（*Tanius chingkankouensis*）、中国鹦鹉嘴龙（*Psittacosaurus sinensis*）、似甘氏四川龙（cf. *Szechuanosaurus campi*）和破碎金刚口龙（*Chingkankousaurus fragilis*），还记录了可能属于剑龙和蜥脚类恐龙的一些化石。

1958年，中央自然博物馆（即现在的国家自然博物馆）在中国科学院古脊椎动物与古人类研究所的协助下，会同天津自然博物馆到莱阳发掘，参加人员包括甄朔南、时墨庄、王存义等共五人，同行的还有中国地质博物馆的胡承志。这次发掘共获化石35箱，包括6~7个鹦鹉嘴龙个体，棘鼻青岛龙比较完整的上下颌、股骨、胫骨、腓骨、肠骨、肩胛骨、脊椎骨和肋骨等，以及四窝恐龙蛋计10个，加上单个的，共计30余枚。1976年，北京自然博物馆甄朔南将其中采自金岗口西沟的一批化石定名为莱阳谭氏龙。

1962年，赵喜进命名了莱阳青山组中鹦鹉嘴龙的一个新种——杨氏鹦鹉嘴龙（*Psittacosaurus youngi*）。

1964年，原地质部石油局综合研究队在诸城县（今诸城市）吕标公社库沟北岭龙骨涧发现了恐龙化石，经地质科学研究院的研究人员鉴定，这是一种大型鸭嘴龙的胫骨。根据此线索，原地质部地质博物馆和地质研究所分别于1964年10～11月、1965年4月、1966年

5月、1968年6月，在诸城县吕标公社龙骨涧进行了发掘，采集化石224箱，计30余吨。1973年，中国地质博物馆胡承志将诸城出土的这种鸭嘴龙定名为巨型山东龙（*Shantungosaurus giganteus*）。装架后的巨型山东龙体长约14.7米，高约7.75米，是目前世界上最高大的鸭嘴龙。

1972年，董枝明在莱阳火车站西南的红土崖采到一小型的肿头龙化石，并将其命名为红土崖小肿头龙(*Micropachycephalosaurus hongtuyanensis*)。它的发现进一步丰富了王氏群恐龙动物群。

1973年，大连自然博物馆的研究人员在莱阳将军顶采集到恐龙蛋化石。2004年，刘金远和赵资奎研究了这批化石，并建立了新种——蒋氏网形蛋（*Dictyoolithus jiangi*）。

1984年，程政武和胡承志在山东省胶县张应乡（今胶州市张应镇）高山沟村西不远的路边南侧，发现了新角龙类头骨化石和一窝7枚恐龙蛋。该头骨是山东王氏群中首次发现的新角龙类化石，目前保存于中国地质博物馆。1985年4月，在上年发现化石层位之上10米的地层中，他们又采到一窝7枚大型的长形蛋化石，被暂时归入长形蛋（*Elongatoolithus elongatus*）。

1988～1991年，中国科学院古脊椎所与诸城文化局合作，由赵喜进带队在诸城侯家屯和龙骨涧进行了发掘，获得了更多的鸭嘴龙类化石，其中的部分化石经修复、装架后被命名为巨大诸城龙（*Zhuchengosaurus maximus*），现陈列于诸城恐龙博物馆。

1999年5月，青岛海洋地质研究所李日辉和张光威在莱阳龙旺庄发现了被认为是小型兽脚类恐龙——虚骨龙类留下的足印化石，并将其命名为杨氏拟跷脚龙足迹（*Paragrallator yangi*）。

2002年7月，李日辉等在莒南县岭泉镇后左山村一处废弃采石场，发现了一个大型恐龙足迹化石群。经野外粗略统计，在南北长约500米、宽约50米的一段出露范围内，各类恐龙足迹多达几百个。李日辉等人推测，该足迹化石群产于白垩纪早期大盛群田家楼组，主要是兽脚类、鸟脚类恐龙的足迹。

2008年，中国科学院古脊椎所赵喜进和徐星的科研团队与诸城市旅游局和诸城恐龙博物馆合作，对诸城的恐龙化石群进行了第三次大规模发掘，发掘面积达2.3万平方米。截至目前，研究人员在诸城发现了库沟恐龙化石长廊、恐龙涧化石隆起带、臧家庄化石层叠区等三处大规模恐龙化石埋藏地，另外，他们还发现了皇龙沟恐龙足迹群。该足迹群南北长约80米，东西宽约60米，保存有大型兽脚类、小型兽脚类、蜥脚类和鸟脚类等至少6个不同属种的恐龙足迹化石。研究人员通过研究，发表了多个新属种：巨型诸城暴龙（*Zhuchengtyrannus magnus*）、诸城中国角龙（*Sinoceratops zhuchengensis*）、意外诸城角龙（*Zhuchengceratops inexpectus*）、诸城坐角龙（*Ischioceratops zhuchengensis*）、赵氏怪脚龙（*Anomalipes zhaoi*）、臧家庄诸城巨龙（*Zhuchengtitan zangjiazhuangensis*）。这些新属种的发现不仅丰富了我们对山东恐龙多样性的认识，而且在恐龙生物地理学上具有重要意义，表明了亚洲和北美的恐龙动物群在白垩纪晚期有着密切的联系。研究还显示，这些恐龙类群很可能起源于亚洲，后迁徙扩散至北美地区。

从2008年开始，中国科学院古脊椎所汪筱林率领科研团队与莱阳市政府的相关部门合作，在莱阳进行了连续十多年的考察与发掘，发现了大量新的恐龙化石，并研究命名了杨氏莱阳龙（*Laiyangosaurus youngi*）。在此基础上，汪筱林协助地方政府申报建设了莱阳白垩纪国家地质公园。

3.2 恐龙达人

自20世纪20年代起，我国自己培养的第一代地质学家谭锡畴、世界著名的古生物学家杨钟健先后来到山东开展恐龙化石的调查与发掘。随后，胡承志、赵喜进、董枝明及其后继者相继在诸城和莱阳等地区发现了巨型山东龙、巨型诸城暴龙、意外诸城角龙等重要的恐龙化石。

"恐龙达人"们代代相承的努力与进取,不畏风雨的野外发掘与一丝不苟的专业研究,为我们展开了亿万年前恐龙世界的画卷。

* **杨钟健**(1897–1979)

陕西华县(今渭南市华州区)人,中国科学院古脊椎动物与古人类研究所首任所长,世界著名古生物学家,中国古脊椎动物学奠基人。他发现和研究了奇台天山龙、许氏禄丰龙、棘鼻青岛龙、合川马门溪龙等恐龙化石,著有《禄丰蜥龙动物群》《山东莱阳恐龙化石》《合川马门溪龙》等。他培养了董枝明、赵喜进等中国第二代恐龙研究学者。

* **胡承志**(1917–2018)

山东人,著名古生物学家、古人类学家,中国地质事业发端、发展的经历者和见证者。他制作了第一批北京猿人头盖骨化石石膏模型,发现了胡氏贵州龙,研究并命名了著名的元谋人和巨型山东龙,出版了《巨型山东龙》等专著。

△ 杨钟健

△ 胡承志

✳ **董枝明**（1937年生）

山东威海人，中国科学院古脊椎动物与古人类研究所研究员，中国第二代恐龙研究学者中的代表人物。他参与了对中国自贡和禄丰等地恐龙化石的发掘和研究，组织和参加中国—加拿大恐龙考察、中日丝绸之路恐龙考察、中日蒙三国科考等多个重要的恐龙科考。截至目前，他是恐龙研究史上发现和命名恐龙最多的学者之一，由其命名的恐龙达20余种。他为中国恐龙博物馆和恐龙科普事业作出了重要贡献。

✳ **赵喜进**（1935–2012）

山东莒县人，中国科学院古脊椎动物与古人类研究所研究员，中国第二代恐龙研究学者中的代表人物。他参加和组织了在内蒙古、新疆和青藏高原的恐龙考察，发现了包括单嵴龙和克拉美丽龙等在内的重要恐龙种属。1988年和2008年，他在山东诸城组织了两次大规模的恐龙化石发掘。

△ **董枝明**　　　　　　　　　　　　　　　　△ **赵喜进**

※　**赵资奎**（1933年生）

广东汕头人，中国科学院古脊椎动物与古人类研究所研究员，中国恐龙蛋化石研究专家。自20世纪70年代以来，通过对包括山东莱阳、广东南雄、河南西峡等地发现的恐龙蛋蛋壳显微结构进行分析，综合蛋的宏观形态和蛋壳显微结构特征，他提出了恐龙蛋分类与命名方法，在国际社会上得到广泛推广和应用。

※　**徐星**（1969年生）

新疆伊犁人，中国科学院古脊椎动物与古人类研究所研究员，主要从事中生代恐龙化石及相关地层学研究，提出了恐龙向鸟类演化过程和演化模式上迄今为止最为翔实的证据和模型。多年来，他在中国、蒙古国等国的数十个中生代化石点进行野外勘查和发掘工作，并在新疆五彩湾地区、辽宁西部地区都有重要发现。自2008年开始，他在山东诸城组织了大规模的恐龙化石发掘，发现了暴龙和角龙的多个新物种。

△　**赵资奎**

△　**徐星**

※ **汪筱林**（1963年生）

甘肃甘谷人，中国科学院古脊椎动物与古人类研究所研究员，主要从事翼龙、恐龙和恐龙蛋等化石及相关地质学研究。他主持了数十次大型野外考察与化石发掘，发现了大量重要的脊椎动物化石。自2008年开始，他在山东莱阳组织科学考察和大规模的发掘，发现了埋藏恐龙和恐龙蛋化石的多个地点和层位，还发现了平原恐龙峡谷群和地质遗迹群等地质地貌遗迹。

※ **尤海鲁**（1967年生）

山东淄博人，中国科学院古脊椎动物与古人类研究所研究员，主要从事恐龙形态学、系统发育关系和相关古环境研究，尤其是对甘肃白垩纪早期恐龙及鸟类的综合研究。他研究并命名了马鬃龙、戈壁巨龙和黎明角龙等20余种恐龙。

△ 汪筱林

△ 尤海鲁

* **吕君昌**（1965-2018）

山东平度人，中国地质科学院地质研究所研究员，主要从事中生代爬行动物及其地层学研究，尤其是对河南白垩纪巨型蜥脚类恐龙和华南（江西和广东）小型兽脚类恐龙的研究。他研究并命名了20余种恐龙，包括巨型汝阳龙（河南汝阳的世界上最大的恐龙之一）和泥潭通天龙（江西赣州的窃蛋龙类）等。

* **李日辉**（1962年生）

山东招远人，中国地质调查局青岛海洋地质研究所研究员，主要从事古生物和海洋地质研究，对山东恐龙足印有深入研究，特别是在恐爪龙足迹和最早对趾鸟足迹的研究上取得了突破性成果。

△ **吕君昌**（右一）

△ **李日辉**

3.3 中生代的山东

进入中生代，受印支运动和燕山运动影响，山东地区地质构造运动强烈，造成地层大范围的断裂和差异性升降，其中影响最大的是沂沭断裂带，形成大量的坳陷盆地。三叠纪和侏罗纪，鲁东地区还处于隆起状态，基本上没有接受沉积。三叠纪仅在山东的淄博、章丘和聊城等地有砂质、泥质的沉积。沂沭断裂带以西的鲁西南、鲁中和鲁北地区有侏罗纪、白垩纪的沉积；沂沭断裂带以东的鲁东地区、胶莱盆地在白垩纪开始接受陆相火山—湖泊和河流为主的沉积。

山东的白垩纪地层非常发育，出露连续。以鲁东地区为例（见表1），胶莱盆地的白垩纪地层包括下白垩统的莱阳群、青山群，以及上白垩统的王氏群，地质时代距今约1.3亿年至7000万年。

表1：白垩纪鲁东岩石地层分区

白垩系			诸城—胶州小区				莱阳—海阳小区		
白垩系	上白垩统	王氏群	胶州组				王氏群	金岗口组	
			红土崖组					红土崖组	
			辛格庄组					辛格庄组	
			林家庄组					林家庄组	
	下白垩统	青山群	方戈庄组		田家楼组		青山群	方戈庄组	石前庄组
			石前庄组	大盛群	马朗沟组			八亩地组	
			八亩地组						
			后夼组					后夼组	
		莱阳群	曲格庄组	法家莹组			莱阳群	曲格庄组	
				杜村组					
			龙旺庄组	杨家庄组				龙旺庄组	
			水南组					水南组	
			止风庄组					止风庄组	
			林寺山组					林寺山组	
								瓦屋夼组	

莱阳群，距今约1.3亿年至1.15亿年，地层厚度约1232米，主要以灰色、灰绿色页岩、粉砂岩等湖泊沉积为主。从这些地层中发现了丰富的植物、叶肢介、腹足类、昆虫和鱼类化石，特别是在莱阳北泊子、团旺等地发现了大量的昆虫和鱼类化石。对植物大化石和孢粉组合的研究显示，这一时期的植物群主要以松柏类为主，苏铁类、楔叶纲、真蕨纲和种子蕨纲次之，银杏类和麻黄类占少量，区域内整体为干燥的亚热带气候，局部地区较为湿润。

青山群，距今约1.15亿年至1亿年，地层厚度约为801米，主要以红色的砂砾岩、泥岩等河流相沉积与安山岩、玄武岩和凝灰岩等火山沉积为主。在红色沉积中发现了植物、双壳类、腹足类、恐龙、翼龙和龟等化石。

王氏群，距今约8000万年至7000万年，地层厚度大于3260米，以红色、紫红色泥岩、粉砂岩和砂砾岩为主，夹灰绿色砂砾岩。在这套洪积相、河湖相为主的地层中富含以鸭嘴龙类为代表的大量恐龙化石和种类丰富的恐龙蛋化石。

根据沉积岩石学的特征，鲁东胶莱盆地发育过程大致如下：白垩纪早期断陷盆地逐渐形成，并开始接受沉积，随着盆地的进一步发展，湖盆面积扩大，同时也产生厚厚的以湖泊和河流为主的沉

△ 莱阳北泊子莱阳群地层

△ 莱阳陡山青山群地层

△ 莱阳将军顶王氏群地层

△ 莱阳金岗口村西王氏群地层

积，其间伴有强烈的火山活动，形成了富含化石的莱阳群和青山群。到了白垩纪晚期，湖盆变浅，主要以冲积—河流沉积为主，形成了富含恐龙和恐龙蛋的王氏群。

根据沉积特征和生物群面貌可以推测，在距今约1.3亿年至1.15亿年前，胶莱盆地一度是一片水面开阔的宁静的浅底淡水湖泊。周围地势较为平坦，气候温暖，属于亚热带气候。水生生物主要是水生昆虫和鱼类，还有腹足类和叶肢介等无脊椎动物；岸边植被以楔叶纲、真蕨纲和种子蕨为主；坡地上的植被以高大的松柏类为主，其次为苏铁类，还有少量的银杏类和麻黄类。距今约1.15亿年至1亿年前，地球环境变化非常剧烈，火山活动强烈，在火山喷发的间歇期，河流发育，一些陆生脊椎动物繁盛。距今约8 000万年至7 000万年前，火山活动减弱并逐渐消失，胶莱盆地又恢复了往日的生机。水生生物有腹足类、双壳类、龟类，蕨类植物、裸子植物和被子植物繁盛；植食性恐龙有蜥脚类、角龙类和鸭嘴龙类，尤其是鸭嘴龙类非常繁盛，肉食性恐龙有巨型诸城暴龙和赵氏怪脚龙等小型兽脚类恐龙。这一时期地形起伏较大，气候炎热，河流密布，暴雨、泥石流和洪水时有发生，形成了大量恐龙骨骼和恐龙蛋埋藏。

蒙阴蒙阴蚌为淡水双壳类，个体中等大小，横长，呈管状；壳顶低宽，前凹明显；后部伸长，后端近方圆形；壳面上多数为同心线，有少量较宽的同心圈。蒙阴蒙阴蚌化石因保存完好，数量丰富，分布广泛，层位稳定，成为地层对比、划分的重要依据。目前，含蒙阴蒙阴蚌化石的地层时代普遍被认为属于白垩纪早期。

　　中华狼鳍鱼是原始的真骨鱼类，生存于距今约1.45亿年至1.25亿年的白垩纪早期，为中生代后期东亚地区特有的淡水鱼类，广泛分布于西伯利亚、蒙古国、朝鲜和中国北部水域，是热河生物群的主要成员。中华狼鳍鱼牙齿呈尖锥形，体长一般在10厘米左右，身体为纺锤形，背鳍位置靠后，与臀鳍相对，正型尾。中华狼鳍鱼化石一般保存完好，属静水环境下的原地埋藏。另外，从化石埋藏的密集程度看，中华狼鳍鱼有群游的习性。

＊ 蒙阴蒙阴蚌 ＊

● 学名: *Mengyinaia mengyinensis*
● 时代: 早白垩世
● 出土地点: 山东 蒙阴

△ 蒙阴蒙阴蚌

＊ 中华狼鳍鱼 ＊

● 学名：*Lycoptera sinensis*
● 时代：早白垩世
● 出土地点：山东 莱阳

△ 中华狼鳍鱼

△ 中华狼鳍鱼

3.4 山东白垩纪早期恐龙动物群

我国中生代陆相地层中保存了5个连续恐龙动物群（见表2），其中的山东白垩纪早期恐龙动物群属于鹦鹉嘴龙动物群。白垩纪早期，在山东、内蒙古、辽宁西部和新疆准噶尔盆地等中国北方存在着一个范围较广的以鹦鹉嘴龙类为特点的动物地理区系，该恐龙动物群包含有兽脚类、蜥脚类、禽龙类和角龙类等主要类群，具有较高的分异度，其中尤其以含有带羽毛恐龙的热河生物群最为著名。

表2：中国恐龙动物群

时代		动物群	动物群中主要成员
白垩纪 K	晚白垩世 K₂	鸭嘴龙动物群（Hadrosaur Fauna）	· 兽脚类：特暴龙(Tarbosaurus)、疾走龙(Velociraptor)、窃蛋龙(Oviraptor)、南雄龙(Nanshiungosaurus) · 蜥脚类：华北龙(Huabeisaurus) · 甲龙类：绘龙(Pinacosaurus)、克氏龙(Crichtonsaurus) · 鸭嘴龙类：满洲龙(Mandschurosaurus)、青岛龙(Tsintaosaurus)、巴克龙(Bactrosaurus) · 角龙类：原角龙(Protoceratops)
	早白垩世 K₁	鹦鹉嘴龙动物群（Psittacosaurus Fauna）	· 兽脚类：尾羽龙(Caudipteryx)、中国鸟龙(Sinornithosaurus)、小盗龙(Microraptor)、北票龙(Beipiaosaurus)、阿拉善龙(Alxasaurus) · 蜥脚类：戈壁巨龙(Gobititan) · 禽龙类：原巴克龙(Probactrosaurus)、兰州龙(Lanzhousaurns)、马鬃龙(Equijubus) · 角龙类：鹦鹉嘴龙(Psittacosaurus)、古角龙(Archaeoceratops)、辽角龙(Liaoceratops)

（续表）

时代		动物群	动物群中主要成员
侏罗纪 J	晚侏罗世 J₃	马门溪龙动物群 (*Mamenchisaurus* Fauna)	· 兽脚类：永川龙(*Yangchuanosaurus*)，中华盗龙(*Sinraptor*)，冠龙(*Guanlong*)，左龙(*Zuolong*) · 蜥脚类：马门溪龙(*Mamenchisaurus*) · 剑龙类：沱江龙(*Tuojiangosaurus*)，重庆龙(*Chungkingosaurus*)，嘉陵龙(*Chialingosaurus*) · 鸟脚类：盐都龙(*Yandusaurus*)，工部龙(*Gongbusaurus*)
	中侏罗世 J₂	蜀龙动物群 (*Shunosaurus* Fauna)	· 兽脚类：气龙(*Gasosaurus*)，四川龙(*Szechuanosaurus*)，单嵴龙(*Monolophosaurus*) · 蜥脚类：蜀龙(*Shunosaurus*)，峨眉龙(*Omeisaurus*)，酋龙(*Datousaunus*)，大山铺龙(*Dashanpusaurus*) · 鸟脚类：灵龙(*Agilisaurus*)，晓龙(*Xiaosaurus*)，何信禄龙(*Hexinlusauras*) · 剑龙类：华阳龙(*Huayangosaurus*)
	早侏罗世 J₁	禄丰龙动物群 (*Lufengosaurus* Fauna)	· 兽脚类：中国龙(*Sinosaurus*)，双嵴龙(*Dilophosaurus*) · 蜥脚型类：禄丰龙(*Lufengosaurus*)，云南龙(*Yunnanosaurus*)，金山龙(*Jingshanosaurus*) · 有甲类：大地龙(*Tatisaurus*)，卞氏龙(*Bienosaurus*)
三叠纪 T	晚三叠世 T₃		· 足印化石

目前，研究人员在山东白垩纪早期沉积中发现的恐龙有两种，包括角龙类的中国鹦鹉嘴龙和蜥脚类的师氏盘足龙。当然，这两种恐龙并不能完全代表山东白垩纪早期恐龙动物群的真实情况，根据白垩纪早期的莱阳群和青山群地层的分布和出露，以及目前已发现化石的埋藏状况，我们有理由和信心发现更多的恐龙种类。

3.4.1 师氏盘足龙

师氏盘足龙发现于山东蒙阴宁家沟（现属山东省新泰市），是中国命名的第一种蜥脚类恐龙，生活在距今约1.25亿年前的白垩纪早期。发掘出土的盘足龙的头骨保存几乎完整，类似于圆顶龙，在早期的分类中，研究人员将盘足龙归入了圆顶龙类。但是随着研究的深入，研究人员发现盘足龙的颈椎神经弓和肩带结构十分进步，应该属于原始的泰坦巨龙形类。

据发掘出土的师氏盘足龙的化石推测，师氏盘足龙体长约11米，具有长长的脖颈，肩部高约2.5米，体重约为3吨，相对于其他泰坦巨龙形类，体形并不是很大，有研究人员推测很可能它还未发育完全。师氏盘足龙模式标本现存于瑞典乌普萨拉大学演化博物馆。

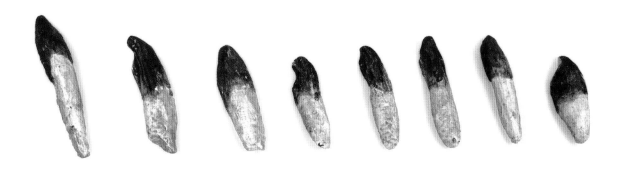

△ **师氏盘足龙牙模型**

△ 师氏盘足龙骨骼模型（侯新建 摄）

△ 师氏盘足龙复原图

● **盘足龙的足**：盘足龙属的学名"*Euhelopus*"意为"出色的湿地的脚"。研究人员认为它们的脚像巨大的圆盘，与大象的脚类似，可以将重心放在近乎垂直的脚趾上，用足部厚实的软组织分散落地的压力，平稳穿越沼泽地带。

● **盘足龙的颈**：师氏盘足龙长长的脖颈（包括17节脊椎），伸直可达4.6米。凭借长长的脖颈，师氏盘足龙可以获取高处的植物枝叶，在食物获取的竞争中更具优势。

泰坦巨龙家族

泰坦巨龙形类是白垩纪主流的蜥脚类恐龙，盘足龙属于原始的泰坦巨龙形类。泰坦巨龙形类以植物为食，身长一般在30米左右，体重可达百吨，白垩纪时期发展繁盛。

2017年，在山东诸城臧家庄发现了萨尔塔龙科的泰坦巨龙类恐龙化石——臧家庄诸城巨龙。臧家庄诸城巨龙属于较进步的巨龙类成员，这是山东白垩纪晚期地层中首次发现的巨龙类恐龙。

❋ 臧家庄诸城巨龙 ❋

- **学名**：*Zhuchengtitan zangjia-zhuangensis* Mo et al., 2017
- **分类位置**：蜥臀类 蜥脚类 泰坦巨龙类 诸城巨龙属
- **时代**：晚白垩世 距今约7 500万年
- **出土地点**：山东 诸城

△ **臧家庄诸城巨龙左肱骨**

3.4.2 中国鹦鹉嘴龙

中国鹦鹉嘴龙化石于1951年在山东莱阳出土，是我国第一具保存完整的鹦鹉嘴龙骨架。中国鹦鹉嘴龙是一种小型植食性鸟臀类恐龙，长有类似鹦鹉喙部的嘴，头上有向两侧伸出的颧骨角，仅有一点点颈盾的初始痕迹，面颊部有骨质的突起，两足行走，体长1～2米。

鹦鹉嘴龙化石在亚洲北部白垩纪早期地层中十分常见，分布很广，代表着角龙类恐龙成功演化历史的第一个阶段，是亚洲白垩纪早期地层的标准化石，对生物地层对比有着十分重要的意义。鹦鹉嘴龙是角龙类的早期成员，与原角龙科和角龙科一起，共同代表了鸟臀类恐龙中亲缘关系较近的一个支系，但鹦鹉嘴龙的前颌骨牙齿缺失，而原角龙尚保留牙齿等特征，表明鹦鹉嘴龙科不可能是角龙类的直接祖先。

＊ **中国鹦鹉嘴龙** ＊

- **学名：** *Psittacosaurus sinensis* Young, 1958
- **分类位置：** 鸟臀类 角龙类 鹦鹉嘴龙科 鹦鹉嘴龙属
- **时代：** 早白垩世，距今约1.25 亿年
- **出土地点：** 山东 莱阳

△ **中国鹦鹉嘴龙骨骼模型**

△ 中国鹦鹉嘴龙头骨

△ 中国鹦鹉嘴龙腰椎、尾椎、后肢等

△ 中国鹦鹉嘴龙足部

● **发现与命名**：1951年，杨钟健与刘东生、王存义等人在莱阳发现了一种新的鹦鹉嘴龙化石。根据研究，这种鹦鹉嘴龙与之前发现的蒙古鹦鹉嘴龙等特征相近但细节不同，属于鹦鹉嘴龙家族的一员，于是被赋予了一个新的种名——中国鹦鹉嘴龙。

● **鹦鹉嘴龙化石的分布**：鹦鹉嘴龙是亚洲特有的恐龙，目前已发现10种。我国山东、内蒙古、新疆、辽宁等地都出土过鹦鹉嘴龙化石。此外，泰国、俄罗斯、蒙古国等国也有分布。有研究者认为，鹦鹉嘴龙之间的差异，可能是由个体发育或者性别之间的差异造成的，因此这些物种的有效性还有待进一步研究确定。

▽ **中国鹦鹉嘴龙复原图**

● 鹦鹉嘴龙的身体特征

相似的家族成员：鹦鹉嘴龙家族的成员们尽管在骨骼、体型等方面有所差异，但基本保持着统一特征，包括体型较小、颈部较短、头部呈方形、鹦鹉喙般的嘴等。

特化用以切割植物的嘴：鹦鹉嘴龙较短的颅骨、独特的喙部都与鹦鹉颇为相似。独特的喙部可以帮助它们获取植物的枝叶、根茎和种子，锐利的牙齿与发达的颌肌可以用于切割坚硬的植物。

帮助消化的胃石：鹦鹉嘴龙的化石中经常会发现较圆润的小石子，称为胃石。研究人员推测，这些胃石可能用来帮助研磨胃中的食物。

中空的管状刺毛：研究人员在鹦鹉嘴龙背部到尾部的化石上发现了一排中空的管状刺毛，长度接近16厘米，其功能目前尚无定论。

1995年，研究人员在辽宁义县发掘出带有皮肤鳞片印痕的鹦鹉嘴龙化石，这些鳞片主要分布在鹦鹉嘴龙的肩部、腿部附近。据研究人员推测，这些不规则的多边形鳞片可以有效地保护鹦鹉嘴龙的身体，并减少体内水分的损失。

△ 带胃石的鹦鹉嘴龙化石

△ 鹦鹉嘴龙类皮肤印痕化石

△ 鹦鹉嘴龙头骨

3.5 山东白垩纪晚期恐龙动物群

山东白垩纪晚期恐龙动物群属于我国中生代陆相地层中保存的五个连续恐龙动物群中的"鸭嘴龙动物群"。

鸭嘴龙类是生活在白垩纪晚期的大型陆生植食性鸟臀类恐龙,其化石分布广泛,除大洋洲外均有发现。鸭嘴龙类最明显的特征为头部扁长并具形似鸭嘴的吻部,以及复杂的齿列和强大的咀嚼系统。因头饰的不同,鸭嘴龙类被分为平头的和具有实心头饰的栉龙亚科,以及具有空心头饰的兰氏龙亚科两大类。在山东发现的鸭嘴龙类中,巨型山东龙属于平头的栉龙亚科,棘鼻青岛龙因头骨上特殊的棘状突起属于有空心头饰的兰氏龙亚科;山东还有鸭嘴龙科的近亲——中国谭氏龙。

这一时期,山东恐龙动物群的多样性非常高,各个类群都有发现,如兽脚类的巨型诸城暴龙、赵氏怪脚龙、破碎金刚口龙;蜥脚类的臧家庄诸城巨龙;甲龙类的谷氏绘龙;鸭嘴龙类的中国谭氏龙、金刚口谭氏龙、棘鼻青岛龙、巨型山东龙和杨氏莱阳龙;角龙类的诸城中国角龙、意外诸城角龙和诸城坐角龙等。这些恐龙与北美地区白垩纪晚期大型恐龙进行组合对比,对研究白垩纪晚期恐龙动物群的起源、扩散和地理分布有重要意义。

3.5.1 中国谭氏龙

中国谭氏龙生活在7 700多万年前的白垩纪晚期,植食性,两足或四足行走,体长约7米,重约2吨,是中国学者发现的第一具恐龙化石,也是中国最早命名的鸭嘴龙类。

1923年,中国地质学家谭锡畴在山东莱阳将军顶天桥屯王氏群中下部的地层中发现了一具平头形鸭嘴龙类恐龙的不完整骨架化石,标本包括头骨的后部、若干脊椎骨及部分四肢骨。1929年,瑞典学者维曼对这具骨架研究后认为,这是一种新型的鸭嘴龙。为纪念标本的采集者,维曼以发现者谭锡畴的姓氏作为属名,将它命名为中国谭氏龙,化石现保存在瑞典乌普萨拉大学演化博物馆。

20世纪50年代，中国科学院、北京自然博物馆、山东大学等单位的科研人员在莱阳金岗口村西沟发现了若干鸭嘴龙类化石，除棘鼻青岛龙外，还发掘并命名了谭氏龙属的两个种：金刚口谭氏龙和莱阳谭氏龙。这两种谭氏龙的出土地点与模式种——中国谭氏龙的出土地点相距10千米，产出层位为王氏群的上部，比模式种的层位高至少200米，也就是说在时代上要比中国谭氏龙晚。金刚口谭氏龙和莱阳谭氏龙发现于同一地点、相同层位，研究人员推测二者在骨骼特征上的差异与个体发育阶段、年龄或者性别有关，因此它们很可能代表的是同一种恐龙。根据古生物命名法规，莱阳谭氏龙是金刚口谭氏龙的同物异名，金刚口谭氏龙是有效的科学命名。

△ 中国谭氏龙头骨

△ 中国谭氏龙股骨远端

△ 中国谭氏龙复原图

＊ 中国谭氏龙 ＊

● 学名：*Tanius sinensis*

Wiman, 1929

● 分类位置：鸟臀类 鸟脚类

鸭嘴龙超科 谭氏龙属

● 时代：晚白垩世 距今约 7 700

万年

● 出土地点：山东 莱阳

3.5.2 棘鼻青岛龙

棘鼻青岛龙是新中国成立后发现的第一种恐龙，有"新中国第一龙"的美称，也是在亚洲发现的第一个带有头饰的鸭嘴龙。其最主要的特征是鼻骨向前上方竖起，在头上形成一个长约40厘米的棘状突起。这就是棘鼻青岛龙的种名"棘鼻"的来历。

1950年，山东大学师生在莱阳金岗口村西沟采得7个完整的脊椎、一个左乌喙骨、一对胫骨和一个左腓骨。1951年夏，杨钟健、刘东生、王存义等在此也发掘出了很多"鸭嘴龙类"的化石，但经后期鉴定，这些化石绝大部分应该是棘鼻青岛龙的，其他的为金刚口谭氏龙。据杨钟健文献记载，这批化石中能辨认出至少7个棘鼻青岛龙个体，后经研究和修复，组装成一个比较完整的棘鼻青岛龙综合骨架，其体长约6.7米、高约4.5米。

棘鼻青岛龙由于其特别的头骨特征而受到广泛关注，不同的研究人员对其分类位置有着不同的看法：有研究人员认为棘鼻青岛龙头骨的棘状突起是由于鼻骨的错位造成的，将鼻骨恢复原位后，棘鼻青岛龙就变成了典型的平头鸭嘴龙，故可归入在同一地点发现的谭氏龙，是谭氏龙的同物异名；也有研究人员怀疑棘鼻青岛龙的棘状突起不可能是中空的。最新研究发现，其鼻骨内部确实不是中空的管状结构，而是类似三明治的实心结构，是一个完整的、中空的头冠破碎后保存下来的后边缘。大多数研究人员认为棘鼻青岛龙属于有头饰的兰氏龙亚科的一个有效的分类单元，代表兰氏龙亚科的原始类群。

研究人员推测，在棘鼻青岛龙活着的时候，头顶的骨质棘突可能与上颌骨共同支撑着一个中空头冠，头冠向前上方伸展，不仅可以用于性别展示、物种识别，还可以辅助发声，放大音量，使声音变得更低沉，更有磁性。

△ 棘鼻青岛龙前部尾椎　　　　　　　　　　　　　　△ 棘鼻青岛龙肱骨远端

△ 棘鼻青岛龙肋骨

△ 棘鼻青岛龙腿骨

▽　棘鼻青岛龙骨骼模型（侯新建 摄）

＊ 棘鼻青岛龙 ＊

● **学名**: *Tsintaosaurus spinorhinus*
Young, 1958
● **分类位置**: 鸟臀类 鸭嘴龙超科
兰氏龙亚科 青岛龙属
● **时代**: 晚白垩世 距今约7 500
万年
● **出土地点**: 山东 莱阳

棘鼻青岛龙的头骨复原结构图，
阴影部分为现存化石

▷ 棘鼻青岛龙复原图

● **发现与命名：** 棘鼻青岛龙化石的出土地点为莱阳，为什么最终却被命名为棘鼻青岛龙呢？古生物学家董枝明给出的解释是，当时杨钟健带领的发掘恐龙化石的研究团队的大本营位于青岛，杨钟健经常往返于青岛和莱阳。他的一些研究工作是在青岛进行的，展览也放在了青岛，而且当时山东大学所在地也在青岛，诸多因素使杨钟健将在莱阳发现的这种恐龙最终命名为"棘鼻青岛龙"。

● **棘鼻青岛龙头饰重建：** 2020年，古生物学家汪筱林带领的研究团队和中国地质大学（北京）合作，首次利用CT扫描棘鼻青岛龙的头饰部分，对其鼻骨内部结构与头饰进行了重建，发现棘鼻青岛龙鼻骨内部不是中空的管状结构，而是类似三明治的实心结构。

3.5.3 巨型山东龙

巨型山东龙是迄今为止世界上发现的最大型的鸭嘴龙类恐龙。它体长约14米，高约8米，头长约1.63米，堪称恐龙家族中的"山东大汉"。它们生活在白垩纪晚期，两足或四足行走，以植物为食，头部平坦，没有冠饰，头骨前部和下颌向前延伸形成扁阔的嘴，酷似鸭嘴。巨型山东龙的颌骨前部没有牙齿（推测有一个角质喙），颌骨约有1 500颗可再生的牙齿，是世界上牙齿最多的恐龙之一。巨型山东龙与北美的鸭嘴龙类恐龙——埃德蒙顿龙（*Edmontosaurus*）有许多共同特征，它们之间有较近的亲缘关系。

● **发现与命名：** 1964年，原地质部石油局综合研究队在诸城吕标公社库沟村北岭龙骨涧发现恐龙化石。根据此线索，原地质部地质博物馆和地质研究所于1964～1968年来到此处进行了发掘，采集化石224箱，共计30余吨。1973年，中国地质博物馆胡承志将在诸城出土的这种鸭嘴龙定名为巨型山东龙。

△ 巨型山东龙线图

✲ 巨型山东龙 ✲

- **学名**：*Shantungosaurus giganteus* Hu, 1973
- **分类位置**：鸟臀类 鸟脚类 鸭嘴龙亚科 山东龙属
- **时代**：晚白垩世 距今约7 500 万年
- **出土地点**：山东 诸城

△ **巨型山东龙骨架**（侯新建 摄）

● 巨型山东龙的身体特征

巨型山东龙的前后肢末端都为爪蹄状，前肢较短，指骨发达，可做出灵活的抓握动作；后肢鸟脚形，以趾骨着地。巨型山东龙的尾部粗长，行走时抬起可用来保持身体平衡。

● 巨型山东龙的习性

在发现巨型山东龙化石的地层中也发现了巨型诸城暴龙等掠食性恐龙的化石，巨型山东龙虽然体型硕大，但既没有甲龙类坚实的甲盾，也没有角龙类锐利的尖角，是掠食性恐龙"心仪"的狩猎对象。为了抵御捕食者，巨型山东龙过着群居生活。

△ **巨型山东龙复原图**

3.5.4 杨氏莱阳龙

　　杨氏莱阳龙属于鸭嘴龙科栉龙亚科，区别于中国谭氏龙代表的鸭嘴龙类早期成员，具有进步的鸭嘴龙科的特征；又不同于以棘鼻青岛龙为代表的具有头饰的兰氏龙亚科成员。此外，杨氏莱阳龙在鼻骨、上颌骨等结构上具有一些区别于其他栉龙亚科成员的特征。杨氏莱阳龙的发现丰富了莱阳鸭嘴龙动物群的组成，也为进一步讨论鸭嘴龙类恐龙的起源和演化提供了新材料。

　　2017年，中国科学院古脊椎所汪筱林团队对出土于莱阳的部分鸭嘴龙类头骨新材料进行了较为详细的记述和对比研究，命名了杨氏莱阳龙（*Laiyangosaurus youngi*），种名献给了中国古脊椎动物学奠基人杨钟健院士，以纪念他对莱阳恐龙化石研究作出的重要贡献。

△ **杨氏莱阳龙上颌**

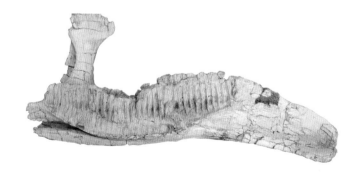

△ **杨氏莱阳龙下颌**

鸭嘴龙类家族

鸭嘴龙类是由生存于侏罗纪晚期到白垩纪早期的禽龙类演化而来的。鸭嘴龙类主要生存于白垩纪，最早生活在亚洲，后来扩散至北美洲和欧洲。鸭嘴龙类的名字来自它们口鼻部前端宽扁、没有牙齿、像鸭嘴一样的喙嘴，喙嘴可以用来获取嫩枝和树叶。

鸭嘴龙类的嘴巴里面紧密地排列着1 000多颗牙齿，这口数量惊人的牙齿是鸭嘴龙进食的有力工具。这些牙齿都很细小，呈菱形状，倾斜着层层相叠，分成多排，当外面的牙齿被磨损掉以后，藏在里面的牙齿就会长出来。鸭嘴龙类牙齿上有像搓衣板一样的纹路，易把食物切碎。

鸭嘴龙类拥有高度复杂的颌部结构，颌骨演化成剪刀的形状用来切割食物。其上下颌不仅能做上下运动，还能侧向移动，进行复杂的咀嚼动作。

3.5.5 谷氏绘龙

谷氏绘龙为中等大小的甲龙，成年个体体长约5米，高约1米，体重可达1.9吨，四足行走，头部有厚骨板，尾部有用于防御的骨锤，牙齿小而钝。发现于莱阳的谷氏绘龙化石，包括4个尾椎、右髂骨及荐椎。

● **发现与命名：** 在谭锡畴发现的莱阳恐龙化石中，4块尾部脊椎经古生物学家吉尔摩鉴定归属甲龙类，另外一块不完整的腰带骨经法国学者布菲托特鉴定，为谷氏绘龙的腰带骨。

> ❋ **谷氏绘龙** ❋
> ● 学名：*Pinacosaurus grangeri*
>   Gilmore, 1933
> ◆ 分类位置：鸟臀类 甲龙科
>   绘龙属
> ● 时代：晚白垩世 距今约7 700
>   万年
> ● 出土地点：内蒙古自治区

▽ **谷氏绘龙骨架模型**

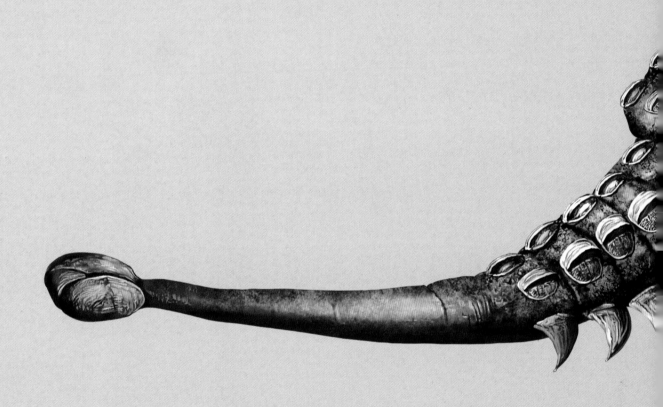

△ 谷氏绘龙复原图

甲龙类家族

甲龙类是一类四足行走的植食性恐龙，属于鸟臀类恐龙中的有甲类，是剑龙类的姐妹群，身长10～11米，重约4吨，腹部以外的身体覆盖着厚厚的甲板，背部和尾部竖着尖利的棘突，强健的背椎和荐椎支撑着身上厚重的"装甲"。甲龙类最早出现在侏罗纪早期到中期，以白垩纪晚期最为繁盛。

研究人员依据甲龙类头骨的形态特征及尾锤的有无将其划分为两个科：结节龙科（Nodosauridae）和甲龙科（Ankylosauridae）。结节龙科头骨较长，尾部末端不发育成尾锤。甲龙科头骨较宽，进步的甲龙科成员尾部末端有尾锤。尾锤由皮肤中的骨质结节融合形成，在遭遇掠食者袭击时，甲龙挥动尾锤，可以给袭击者"致命一击"。

3.5.6 巨型诸城暴龙

巨型诸城暴龙的模式标本包括上下颌骨、牙齿、脊椎骨等部位。据化石推测，巨型诸城暴龙的体长约11米，高约4米，重约6吨，是白垩纪晚期山东地区的顶级掠食者，也是目前已知的亚洲最大的肉食性恐龙，与发现于蒙古国的特暴龙（*Tarbosaurus*）和北美的霸王龙（*Tyrannosaurus rex*）亲缘关系最近。有研究认为，霸王龙起源于中国或者蒙古国，然后经过白令陆桥，穿过阿拉斯加和加拿大，来到美国的西部地带。

● **发现与命名**：2011年，徐星研究团队通过研究在诸城臧家庄化石点发掘的一件几乎完整的右侧上颌骨和一件左侧下颌齿骨，命名了巨型诸城暴龙。

△ 巨型诸城暴龙牙化石

※ 巨型诸城暴龙 ※

● 学名：*Zhuchengtyrannus magnus* Hone et al., 2011

● 分类位置：蜥臀类 兽脚类 暴龙科 诸城暴龙属

● 时代：晚白垩世 距今约7 500 万年

● 出土地点：山东 诸城

△ 巨型诸城暴恐右侧上颌骨

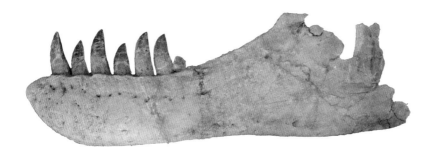

△ 巨型诸城暴龙左侧下颌齿骨

△ 巨型诸城暴龙复原图

暴龙类家族

　　暴龙类，正式科学的叫法是暴龙超科（Tyrannosauroidea），包括暴龙科及其更原始的近亲，是一个非常古老的类群，出现时间比暴龙明星——霸王龙早了一亿多年，可以追溯到侏罗纪中期。生活于距今约1.7亿年前侏罗纪中期的哈卡斯龙（Kileskus）是目前已知最早的暴龙类成员，大小与人类相似。

　　早期的暴龙类是一群小型的肉食性动物，如1.6亿年前的冠龙（Guanlong）体长3米左右，1.5亿年前的祖母暴龙（Aviatyrannis）体长约0.8米，1.3亿年前的帝龙（Dilong）体长不到2米，它们前肢细长，有三根指，在当时并没有占据食物链的顶端，最多只是第二或者第三梯队的捕食者。研究显示，白垩纪晚期暴龙科的体型庞大，有的种类成为有史以来陆地上最大型的掠食动物之一，但大部分后期的物种前肢很短小，具有两指，体型范围从体长约9米的艾伯塔龙（Albertosaurus）和蛇发女怪龙（Gorgosaurus），体长约10米的特暴龙和诸城暴龙，到体长超过12米的霸王龙。

　　由此可见，在暴龙类出现后的大部分时间里，它们只是身处边缘的肉食性恐龙，直到恐龙时代的最后2 000万年，暴龙类才在生态圈里占据统治地位，达到食物链顶端，并迅速繁盛，横扫北美和亚洲。另外，研究人员在俄罗斯西伯利亚和中国发现了哈卡斯龙和冠龙等早期的暴龙类化石，这意味着暴龙类可能起源于亚洲，与传统观点认为的暴龙类起源于北美不同。

　　研究发现，在帝龙和羽王龙（Yutyrannus）的化石上都保留了原始的丝状羽毛，这些羽毛没有羽轴，推测主要起保暖作用。在白垩纪晚期的暴龙类身上也发现有鳞片的印痕，说明在暴龙家族的演化史中，这种原始的丝状羽毛会随着年龄的增加、气温的变化或其他因素而发生改变。

暴龙家族的明星——雷克斯暴龙

雷克斯暴龙又名霸王龙，属于蜥臀目恐龙中的兽脚类，是二足行走的肉食性恐龙。它拥有硕大的头骨，头骨后部方且宽，口鼻部狭窄；颅骨上有大型洞孔，可以提供肌肉附着点并减轻头部重量；眼睛前视，有很好的立体视觉，嗅觉发达，利于追踪猎物；牙齿前后缘呈锯齿状，并且不停生长、可替换；前肢短小，有强大的肩伸肌和肘屈肌，可以用来压制住挣扎的猎物；后肢强壮，行走稳健，行进速度可达每小时30～40千米；尾巴大且重，长度约与身体相当，在运动中起平衡作用。

现藏于山东博物馆的霸王龙模型的身世极不平凡，它是以霸王龙家族中三个大明星为原型，经过科学而复杂的复原过程制作出来的。模型的头部来自AMNH5027号化石，它是首件完整的霸王龙头骨化石，1907年发现于美国蒙大拿州，现保存于美国自然历史博物馆。模型的后肢、尾部和腰带来自TMP81.12.01号标本，它是1946年在加拿大阿尔伯塔省被发现的。模型的下颌、前肢的肱骨、颈椎和背椎来自TMP1981.06.01号化石，它是1981年在加拿大阿尔伯塔省被发现的。因为霸王龙骨架的骨骼是黑色的，所以它还有个美丽的名字——"黑美人"。

◁ **雷克斯暴龙牙**

△ 雷克斯暴龙骨骼模型（侯新建 摄）

3.5.7 赵氏怪脚龙

赵氏怪脚龙是在山东第一次发现的窃蛋龙类恐龙。赵氏怪脚龙属于窃蛋龙类的近颌龙科，体长约3米，重约40千克，前肢由三根指爪组成，后肢修长有力。它的后肢结构特征与大多数窃蛋龙不太一样，如股骨头前后向压缩并且向后方偏斜，副转子低矮且与小转子的远端相连，股骨干的外侧面有一侧脊，第四转子发育的比较弱，第三跖骨近端的关节面呈三角形等。根据后肢的骨骼形态推测，赵氏怪脚龙具有快速奔跑的能力。

大部分近颌龙科的窃蛋龙类恐龙发现于北美洲，也有一部分发现于亚洲。作为近颌龙科在亚洲发现的新成员，赵氏怪脚龙不仅进一步丰富了山东恐龙动物群的多样性，同时也为白垩纪晚期北美和亚洲恐龙动物群的交流和分布提供了新的证据。

● **发现与命名**：2018年，徐星研究团队将在诸城库沟化石点发现的一种小型兽脚类恐龙命名为赵氏怪脚龙。其属名的含义是"奇怪的脚"，种名献给我国已故著名古生物学家赵喜进教授，以纪念他对诸城恐龙化石研究作出的重要贡献。

▽ **赵氏怪脚龙左侧股骨、胫骨、腓骨和第三跖骨**

窃蛋龙真的会偷蛋吗？

窃蛋龙类常见于白垩纪的亚洲和北美，曾因被误认为会偷窃其他恐龙的蛋而得名。后来的化石发现显示，窃蛋龙实际是在保护自己的巢穴和蛋。

20世纪初，美国自然历史博物馆在蒙古高原组织了5次中亚探险考察活动。在1923年的第三次探险考察过程中，考察队队长安德鲁斯在一批原角龙的化石附近，发现了一窝恐龙蛋和一只不同种类的恐龙化石。美国纽约自然博物馆馆长奥斯本认为它是在偷吃原角龙的蛋，所以把它命名为"窃蛋龙"。1993年，同样来自美国自然历史博物馆的马克·罗维尔博士在同一地点发现了更多的窃蛋龙化石的身边也有类似的蛋，并且还发现在一个蛋里有窃蛋龙胚胎的细小骨头，由此证实这窝恐龙蛋是属于窃蛋龙的而不是其他恐龙的。这表明，窃蛋龙并不是偷蛋者，而是正在孵蛋或者保护自己的蛋。至此，70年冤案终于昭雪，但按照国际动物命名法规，窃蛋龙这个名字是不能改变的，还要继续沿用下去。

山东博物馆保存了窃蛋龙类南康赣州龙的正型标本，包括不完整的下颌骨，3枚互相关联的后部尾椎，不完整的左髂骨，右胫骨中段，关联的右侧足部（包括3个距骨和不完整的趾骨区）。

＊ 南康赣州龙 ＊

● 学名:*Ganzhousaurus nankangensis* Wang et al., 2013
● 分类位置：蜥臀目 兽脚亚目 窃蛋龙科 赣州龙属
● 时代：晚白垩世 距今约7 000万年
● 出土地点：江西 赣州

△ **南康赣州龙右侧后肢、股骨及椎体**

3.5.8 诸城中国角龙

诸城中国角龙是首次在亚洲地区发现的进步的角龙类恐龙，拥有坚硬的颈盾与鼻角，四足行走。诸城中国角龙体长约6米，高约2米，重约2吨，头骨长度超过180厘米、宽度至少有105厘米。诸城中国角龙的发现，证实了北美以外的地区同样存在着白垩纪晚期进步的角龙类恐龙，填补了角龙类研究领域的空白，为角龙类恐龙的分类、演化、迁徙与扩散等问题的解决提供了重要证据。

● **发现与命名：** 2010年，徐星研究团队根据在诸城臧家庄化石点发现的头骨和颈盾标本，命名了诸城中国角龙。

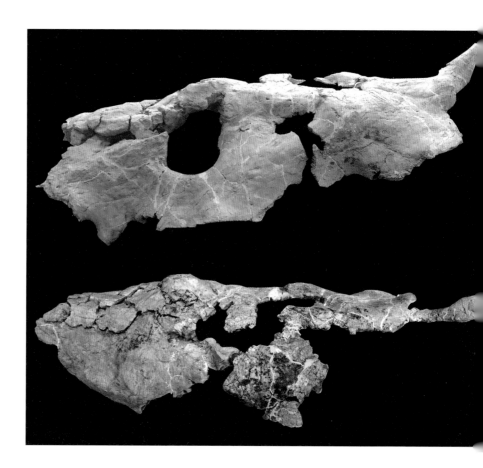

▷ **诸城中国角龙部分头骨**
左侧视（上），背侧视（下）

● **诸城中国角龙的身体特征**

❶ 牙齿

诸城中国角龙是一种植食性恐龙，以苏铁或棕榈科植物为食，嘴呈鸟喙状，适合拉扯植物。牙齿众多，磨损后会被新牙替换。

❷ 颈盾

诸城中国角龙拥有厚重的颈盾，位于最脆弱的颈部，颈盾后缘有10个骨质隆起。据推测，颈盾除了具有防御作用，还可以帮助角龙散热。角龙体温过高时，可以通过增加颈盾散热面积进行散热。

❸ 角

诸城中国角龙的头骨前部有长约30厘米的鼻角，受到袭击时，诸城中国角龙可以利用结实的尖角进行防御。

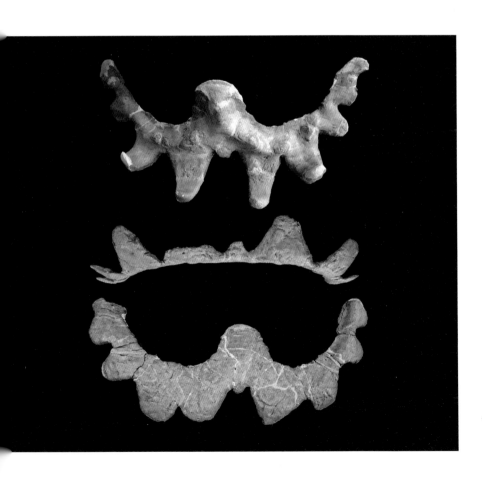

◁ **诸城中国角龙的颈盾**
背侧视（上），后侧视（中），
腹侧视（下）

△ **诸城中国角龙骨骼模型**（侯新建 摄）

▽ 诸城中国角龙头骨复原模型

△ 诸城中国角龙复原图

3.5.9 意外诸城角龙

意外诸城角龙体长约4米，具有粗壮的下颚和宽大的牙齿，颈盾短小，没有角龙一般具备的尖角和发达的颈盾，是目前中国发现的第一种纤角龙恐龙。意外诸城角龙化石证实纤角龙为角龙类恐龙的进步属种，是与角龙类恐龙，如诸城中国角龙等一起生存在白垩纪恐龙时代最晚期的恐龙。这些都说明角龙类恐龙不同类群间的差异性比之前认为的要大得多，为研究白垩纪晚期角龙类演化的复杂性提供了实证。意外诸城角龙在亚洲地区被发现，同样表明亚洲和北美的恐龙动物群在白垩纪晚期有密切的联系。

● **发现与命名**：2010年，徐星研究团队将在诸城库沟化石点发现的关联在一起的同一个体的恐龙化石命名为意外诸城角龙。

△ 意外诸城角龙的部分上颌、下颌

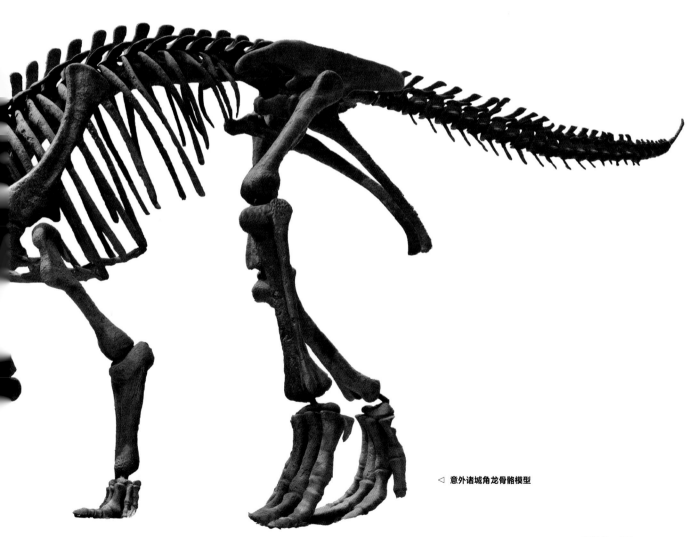

✳ **意外诸城角龙** ✳

● **学名**：*Zhuchengceratops inexpectus* Xu et al., 2010

● **分类位置**：鸟臀类 新角龙类 纤角龙科 诸城角龙属

● **时代**：晚白垩世 距今约7 500 万年

● **出土地点**：山东 诸城

◁ **意外诸城角龙骨骼模型**

△ 意外诸城角龙复原图

3.5.10 诸城坐角龙

诸城坐角龙是在诸城发现的第二种纤角龙类恐龙，拥有独一无二的坐骨，坐骨长约36.2厘米，总体形状类似反曲弓，中部形成了膨大的具有椭圆形凹陷的闭孔突，末端具有斧头状扩展。诸城坐角龙的发现进一步扩展了纤角龙类已知种群的分异度及其分布范围，填补了该类恐龙研究的空白。

● **发现与命名：** 2015年，徐星研究团队将一件来自山东诸城库沟化石点白垩纪晚期王氏群地层中的纤角龙类化石命名为诸城坐角龙。此诸城坐角龙化石标本仅保存了腰带、骨化腱、近端尾椎和部分后肢骨，该标本以其在整个恐龙类中独一无二的坐骨而得名。

△ **诸城坐角龙正型标本**

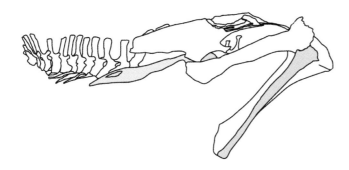

10cm

✳ 诸城坐角龙 ✳

● 学名: *Ischioceratops*
zhuchengensis He et al., 2015

● 分类位置: 鸟臀类 新角龙类
纤角龙科 坐角龙属

● 时代: 晚白垩世 距今约 7 500
万年

● 出土地点: 山东 诸城

△ 诸城坐角龙正型标本线描图

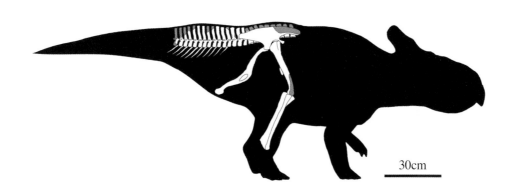

30cm

△ 诸城坐角龙复原图

＊ 安氏原角龙 ＊

● 学名：*Protoceratops andrewsi*
　Granger & Gregory, 1923

● 分类位置：鸟臀类 新角龙类
　原角龙科 原角龙属

● 时代：晚白垩世

● 出土地点：内蒙古自治区

角龙类家族

　　角龙类分为较原始的鹦鹉嘴龙类和长着颈盾的新角龙类。鹦鹉嘴龙体型较小，两足行走，是角龙类家族的"元老"。

　　白垩纪晚期，原角龙类繁盛于亚洲，它们并没有真正的角，只是在鼻尖和脸颊上长着短小的骨突，但骨质颈盾和鹦鹉喙般的嘴表明它们是角龙类家族演化过程中的关键成员。随着角龙类的进一步演化，开角龙、尖角龙、中国角龙、三角龙等成员出现，这些新角龙类恐龙拥有庞大的体型、坚实的颈盾和锋利的角。

角龙类家族的明星——安氏原角龙、三角龙

　　安氏原角龙生活在白垩纪晚期的蒙古国和中国北方，是一种植食性的小型原角龙科恐龙，体型大于鹦鹉嘴龙，体长约1.8米，高约60厘米，头部后方有颈盾，大型的喙状嘴高而尖，四足行走。根据化石中发现的多只成年与幼年原角龙同时存在的现象，研究人员推测原角龙可能过着群居生活。

▷ **安氏原角龙骨骼模型**

三角龙是生活在白垩纪晚期北美洲地区的一种角龙科植食性恐龙，体长7~9米，体重可达5~10吨，面部有三根角：一根短角位于鼻子上方，两根长角长在眼睛的上方。三角龙拥有近似鹦鹉喙部的嘴，其内部排列着数十颗牙齿。

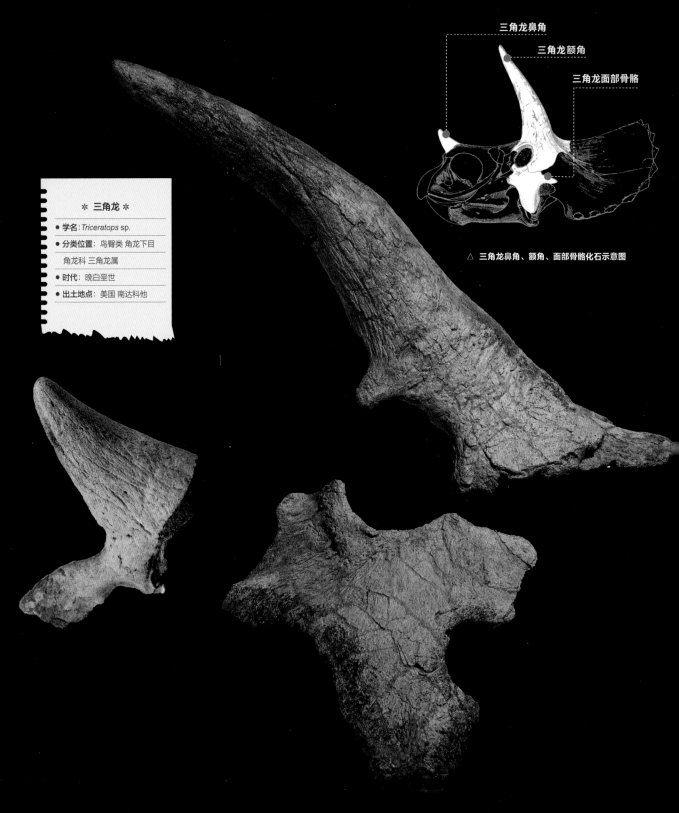

三角龙鼻角

三角龙额角

三角龙面部骨骼

△ 三角龙鼻角、额角、面部骨骼化石示意图

△ 三角龙面部骨骼、额角和鼻角化石

恐龙探秘

恐龙探秘

恐龙属种多样，体态各异，有的体长只有几十厘米，有的则超过40米；有的皮肤上有鳞片，有的则覆盖着羽毛；有的可以在树间滑翔，有的则能以每小时80千米的速度奔跑。它们是如何运动、繁殖、生存和演化的呢？

4.1 恐龙足印

1951年，地质学家刘东生在莱阳北泊子发现了被认为是兽脚类恐龙的足迹化石，杨钟健将其命名为"刘氏莱阳足迹"。尽管后来的研究表明，这件化石应为龟鳖类的足迹，但这一发现却拉开了山东地区恐龙足迹研究的序幕。随后，研究人员相继在莱阳龙旺庄、诸城皇龙沟、莒南岭泉镇等地发现了恐龙足迹与行迹化石。恐龙足迹化石是研究人员探索恐龙运动行为的重要依据，通过研究这些远古遗痕，可以推断出足迹"主人"的身份、身体数据、是否群居、行进步态等。

4.1.1 足迹

不同类型的恐龙有不同的趾爪结构和运动方式，因此会在地面上留下不同形态的足迹。四足行走的大型蜥脚类恐龙，它们的足迹化石是椭圆形、圆形或半月形；部分两足行走的鸟脚类与兽脚类恐龙的足部结构与鸟爪类似，足迹呈向外放射的爪状。

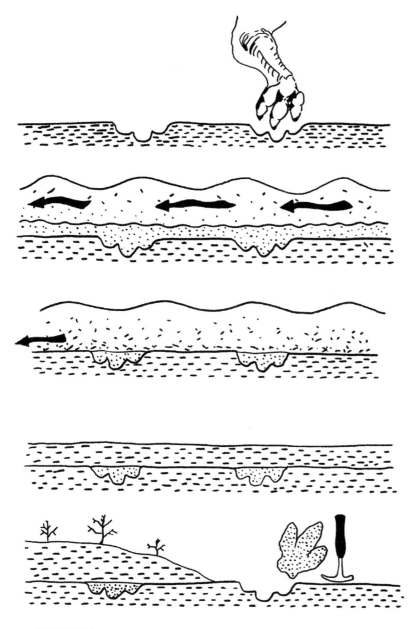

△ 恐龙足迹的形成

△ **恐龙足迹**
侏罗纪 美国

杨氏拟跷脚龙足迹

该足迹为两足行走，三趾型（第一、第五趾退化），第三趾最长，趾末端爪尖、细，趾间角较大，趾垫不清晰，为小型兽脚类恐龙——虚骨龙类所形成。

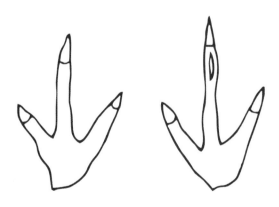

△ **杨氏跷脚龙**（兽脚类恐龙）**足迹素描图**

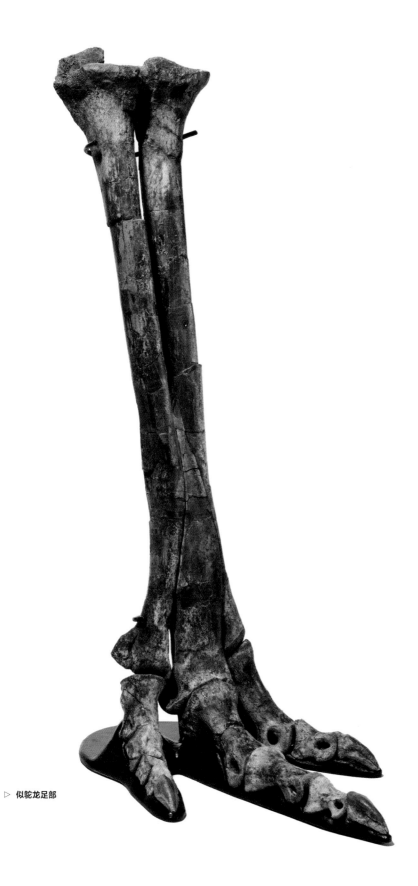

▷ 似鸵龙足部

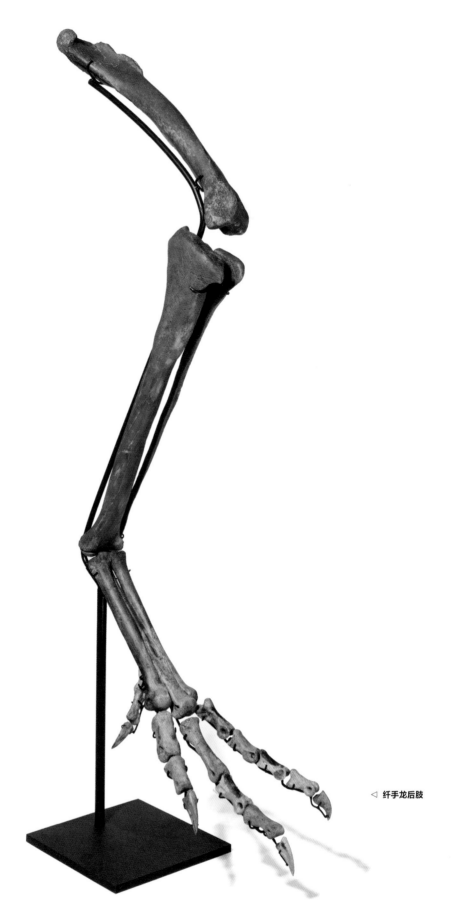

◁ 纤手龙后肢

4.1.2 行迹

恐龙行迹化石可以提供恐龙行走状态的相关信息，研究人员可以凭借行迹化石为我们还原出足迹"主人"的行进方向、运动速率、群体数量等。

2015年，邢立达等对在山东诸城棠棣戈庄发现的一条罕见的恐龙180°转弯行迹进行了深入研究。研究发现，该行迹呈弧形、半径约1.5米，其中可见29个清晰的卵圆形恐龙足迹。研究人员推测，当时有一只体长4.8~5.6米的蜥脚类恐龙在这里行走，并拐弯。

2002年，李日辉和刘明渭在山东莒南县岭泉镇后左山村发现的多个驰龙科恐龙足迹化石，可能是由体型接近的阿基里斯龙的大型驰龙科恐龙留存的。其行迹显示，6个大小相近的恐龙个体，沿着海岸朝同一方向缓慢前进，彼此相距约1米。该足迹化石表现出的运动痕迹支持了驰龙类在行走时第二脚趾后缩、离地的假设。同时，还证明了驰龙类的某些种群过着群体生活。

△ 山东诸城棠棣戈庄恐龙180°转弯行迹化石

4.2 繁殖

恐龙蛋化石是恐龙卵生的直接证据。目前，除南极洲和大洋洲外，其他各大洲都发现了恐龙蛋化石。最早的恐龙蛋化石记录来自南非侏罗纪早期一窝含有原蜥脚类胚胎的蛋化石。

4.2.1 恐龙蛋

中国白垩纪陆相沉积地层中发现大量保存完好的恐龙蛋，其中还有一些珍贵的含有胚胎骨骼的蛋化石。通过对蛋化石的研究，我们有机会了解恐龙的繁育习性。1950年，山东大学地矿系师生在莱阳进行野外考察时发现了若干恐龙蛋化石。1951年，周明镇对这批蛋化石进行了初步研究，开启了中国恐龙蛋化石研究的先河。

△ **金刚口椭圆形蛋**
晚白垩世 山东莱阳

● 恐龙蛋蛋壳的显微构造

恐龙蛋蛋壳的外表光滑或具点线饰纹。蛋壳外部有一层坚硬的方解石，内部是一层致密的壳膜，起到防止机械损伤、避免水分散失和阻止微生物侵害的作用，为内部胚胎的发育提供有效的微环境。研究表明，不同种类恐龙蛋蛋壳的显微结构有明显差异。

◁ **蒋氏原网形蛋**

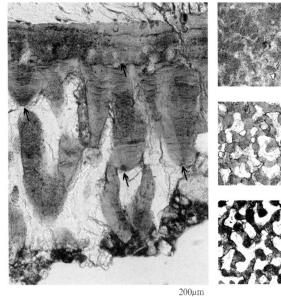

◁ **蒋氏原网形蛋显微结构**

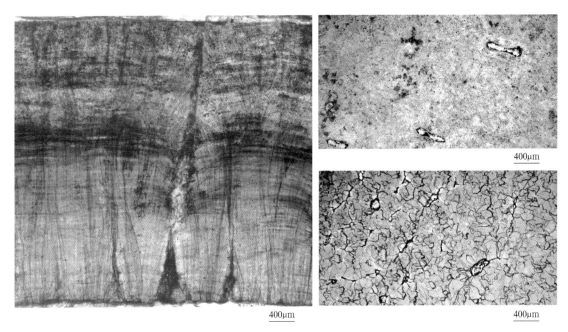

△ 金刚口椭圆形蛋显微结构

▷ 长形长形蛋

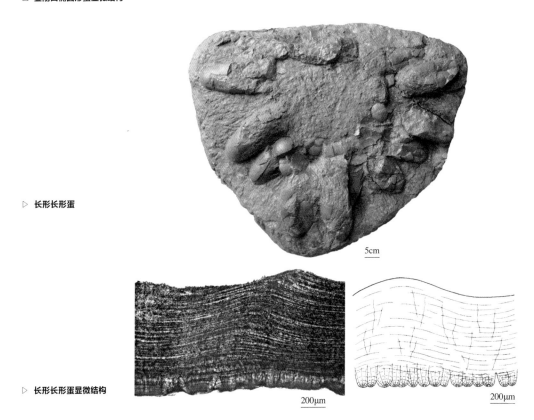

▷ 长形长形蛋显微结构

目前国际上采用的恐龙蛋分类和命名的方法主要依据蛋的大小、形态、蛋壳显微结构等，这套方法是由我国古生物学家赵资奎提出的。

● **恐龙蛋的形状与大小**

　　恐龙蛋化石有圆形、卵圆形、椭圆形、长椭圆形和橄榄形等多种形状。恐龙蛋化石的大小悬殊，最小的直径不足10厘米，大的长径超过50厘米。

　　通过对恐龙蛋与现生爬行动物和鸟类的蛋进行比较，人们可以观察到，同为卵生动物的恐龙与鸟、龟、蛇等在蛋的形状和大小上存在差异，这也从一个方面反映出它们在生殖繁衍中的不同策略。

△ **瑶屯巨形蛋**
晚白垩世 江西赣州

△ **瑶屯巨形蛋**
晚白垩世 江西赣州

△ **厚皮圆形蛋**
晚白垩世 山东莱阳

△ **厚皮圆形蛋**
晚白垩世 山东莱阳

△ **石嘴湾珊瑚蛋**
晚白垩世 江西赣州

△ **瑶屯巨形蛋**
晚白垩世 江西赣州

△ **瑶屯巨形蛋**
晚白垩世 江西赣州

△ **厚皮圆形蛋**
晚白垩世 山东莱阳

△ **厚皮圆形蛋**
晚白垩世 山东莱阳

△ **瑶屯巨型蛋**
晚白垩世 江西赣州

△ 恐龙蛋与其他生物的蛋的对比，从左到右：蛇蛋、乌龟蛋、鹌鹑蛋、
鸡蛋、鸭蛋、鹅蛋、鳄鱼蛋、鸵鸟蛋、恐龙蛋

● 带胚胎的恐龙蛋

在某些特殊情况下，恐龙蛋化石中保存了处于胚胎发育过程中的骨骼化石，成为珍贵的带胚胎恐龙蛋。含胚胎骨骼恐龙蛋化石的发现，使恐龙蛋和恐龙之间对应关系的建立成为可能，从而将恐龙蛋化石研究中的形态分类与自然分类有机地结合在一起。

下面这枚带胚胎的蛋化石出自江西赣州的南康盆地，长约11厘米，宽约6厘米，属于尺寸较小的恐龙蛋。在这个恐龙蛋化石的两个断面上可见数个骨片和相连的椎体。X光片上黑色的部分就是蛋中保存的骨骼。

△ **带胚胎恐龙蛋（清理前）**
早白垩世 江西赣州

△ **带胚胎恐龙蛋（清理后）**
早白垩世 江西赣州

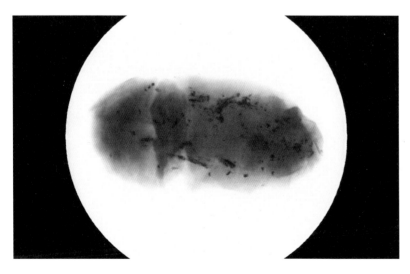

△ **含胚胎骨骼的恐龙蛋化石X光片**

4.2.2 筑巢产卵

根据蛋壳厚度、纹饰、蛋窝中蛋的排列方式等信息，研究人员可以推测恐龙的产蛋行为、筑巢地的选择和是否具有双产道。

20世纪20年代，美国自然历史博物馆中亚考察团的古生物学家在蒙古戈壁首次发现了恐龙蛋化石和巢穴，这是研究人员第一次获得的恐龙如何繁殖的证据。

研究人员在江西赣州发现的两窝恐龙蛋均是长形的，一窝保存数量为25枚，一窝为27枚，每窝蛋都是2个一组，呈辐射状分层排列，层与层之间为胶结坚硬的砂土。恐龙蛋2个一组的排列方式，提示该类恐龙生殖系统中保留有2个输卵管，每次可以同时产下2枚恐龙蛋，与现生的鳄鱼、蜥蜴等相似，并没有出现像现生鸟类那样一侧输卵管退化，一次只产一枚卵的情况。

△ **石嘴湾珊瑚蛋（2个一组）**
晚白垩世 江西赣州

△ 恐龙巢穴(25枚一窝)
晚白垩世 江西赣州

△ 恐龙巢穴(27枚一窝)
晚白垩世 江西赣州

4.3 从恐龙到飞鸟

4.3.1 鸟类起源于恐龙?

19世纪70年代，关于鸟类起源在学术界相当长的时期内流行着槽齿类起源说、鳄类起源说等学说，当时，鸟类起源于恐龙的观点并不被普遍接受。

槽齿类起源说是由南非著名古生物学家罗伯特·布鲁姆（Robert Broom）在20世纪初提出的。他认为鸟类起源于一类原始的槽齿类爬行动物，该爬行动物主要出现在三叠纪时期。由于其出现的年代较恐龙早，被认为不仅是鸟类而且是包括恐龙在内的多数爬行动物的祖先。

鳄类起源说是英国学者亚历克·沃克（Alick D.Walker）在1972年提出的。他认为，鸟类和鳄类组成一个单系类群，因此这一假说也常被称为"鸟类的鳄类起源假说"。不过这一假说提出十多年后，沃克本人就于1985年放弃了自己的观点，转而支持恐龙起源说。

1870年，有着"达尔文的斗犬"绰号的生物学家赫胥黎（Thomas Henry Huxley）注意到了始祖鸟和一种小型肉食性恐龙——美颌龙骨骼化石的相似性，提出了一个非常大胆的观点：鸟类是恐龙的后裔。但该假说在流行了很长一段时间后便销声匿迹了，被槽齿类起源说取代。一直到了20世纪60年代后期，才由美国耶鲁大学著名的恐龙学家约翰·奥斯特伦姆（John Ostrom）教授重新提出。20世纪80年代以后，恐龙起源说影响日益扩大，逐步成为主流学派。目前，多数学者已经接受鸟类起源于恐龙的观点，并认为鸟类是从一支小型个体的兽脚类恐龙演化而来的。

4.3.2 有羽毛的恐龙

羽毛曾经被认为是鸟类的标志性特征，但在我国辽宁、内蒙古、河北等地发现的大量带羽毛恐龙化石表明羽毛并不是鸟类的专利。

世界上最早出现的"羽毛"，也许都不能被称为羽毛，其结构非常简单，就是一根根延长的毛发状细丝。第一种被发现的带羽毛的恐龙——中华龙鸟身上的羽毛就是如此。后期，羽毛的形态朝向复杂化发展，逐渐演化出今天鸟类具有空气动力学结构的羽毛。

耀龙尾部上4根加长的尾羽，可能类似孔雀的尾羽，具有炫耀的作用。尾羽龙前肢羽毛的功能可能类似现在的鸵鸟的羽毛，在奔跑中起到平衡和加速的作用。中华龙鸟细丝状羽毛可能具有保温效果。这些羽毛的"次级功能"可能出现在飞行功能之前，始终伴随着恐龙到鸟类的演化历程。

带羽毛恐龙与鸟类在羽毛、骨骼、行为、生理等方面的相似特征，佐证了从恐龙到鸟类的演化历程。

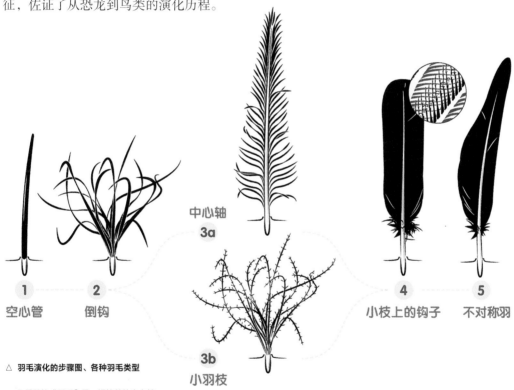

△ **羽毛演化的步骤图、各种羽毛类型**

1 最早的"羽毛"是一根简单的空心管
2 简单的管子演变成一簇倒钩
3a 倒刺的基部融合在一起形成中央轴
3b 从倒刺分出的小枝，正如现在的绒羽
4 羽毛进化出钩子，它们互锁形成扁平的羽片
5 羽轴发生侧弯，形成不对称的羽毛，成为真正用于飞行的飞羽

● 赫氏近鸟龙

赫氏近鸟龙是迄今发现的最早的带羽毛的恐龙之一，生活于距今约1.6亿年前的侏罗纪晚期，比始祖鸟还要早1 000万年。赫氏近鸟龙属于恐爪龙类的两个支系之一——原始的伤齿龙类（另一支系是驰龙类），其属名的意思为"接近鸟类"，因为其命名者徐星认为该种恐龙的形态与鸟类非常接近；种名献给了英国科学家赫胥黎，以纪念他在生物演化论方面作出的重要贡献。

赫氏近鸟龙的前肢长度约为后肢长度的80%，前肢与后肢的比例接近始祖鸟等早期鸟类。长的前肢被认为是具备飞行能力的必要特征。赫氏近鸟龙最为奇特的地方在于前、后肢和尾部均分布有飞羽，着生于后肢的飞羽形成后翼，是一种四翼恐龙。研究表明，赫氏近鸟龙可能已经具备飞行能力，至少可以滑翔。除赫氏近鸟龙以外，小盗龙、足羽龙等后肢也着生飞羽形成后翼，表明四翼形态是鸟类起源的一个必经阶段。

研究人员对保存于北京自然博物馆的一件赫氏近鸟龙化石进行了扫描电镜和透射电镜研究，在其头后、前肢和尾部的羽毛标本上观察到了保存很好的黑素体和黑素体外膜。根据现生鸟类的羽毛黑素体结构和排列方式，研究人员可以反推其史前近亲的羽毛颜色，为科学复原恐龙羽毛的颜色提供依据。据此复原的赫氏近鸟龙色彩靓丽，其头顶有一簇红褐色的羽毛，翅膀黑白相间，身体总体呈灰色。

△ **赫氏近鸟龙化石**

△ 赫氏近鸟龙复原图

● 董氏尾羽龙

董氏尾羽龙是一种长有真正羽毛的小型兽脚类恐龙，头骨短高，前肢小，后腿长，脚趾短，尾巴短，其前肢和尾部长有正羽，正羽的羽片两侧对称，不具备飞行能力，为奔跑型动物。尾部末端羽毛呈扇形，推测主要用途是炫耀。此外，化石中胃石的存在表明尾羽龙很可能是一种植食性动物。

△ 董氏尾羽龙模型

△ 董氏尾羽龙复原图

4.3.3 飞向蓝天

鸟类是如何开始飞行的？这是个学术界长期争论的问题。目前存在两个假说：地面奔跑假说和树栖滑翔假说。

地面奔跑假说：因为鸟类的祖先——兽脚类恐龙是典型的地栖动物，所以部分研究人员推测鸟类的祖先是在地面奔跑过程中学会飞行的。

树栖滑翔假说：研究人员认为鸟类的祖先最初的飞行是通过借助树木的高度先进行滑翔，后逐渐发展演变为振翅飞翔。

目前更多的化石证据支持树栖滑翔假说。研究人员在辽宁发现的四翼恐龙——小盗龙，具有典型的树栖特征，是树栖滑翔假说的有力证据。

△ 鸟类飞行奔跑起源假说

△ 鸟类飞行树栖滑翔起源假说

● 顾氏小盗龙

　　顾氏小盗龙身长42~83厘米，体重只有1千克，是第一个被发现拥有"四个翅膀"的恐龙。它们的前肢、后肢、尾巴部分的羽毛都是不对称的，如同现生鸟类的羽毛，是真正的飞羽，具备滑翔能力。

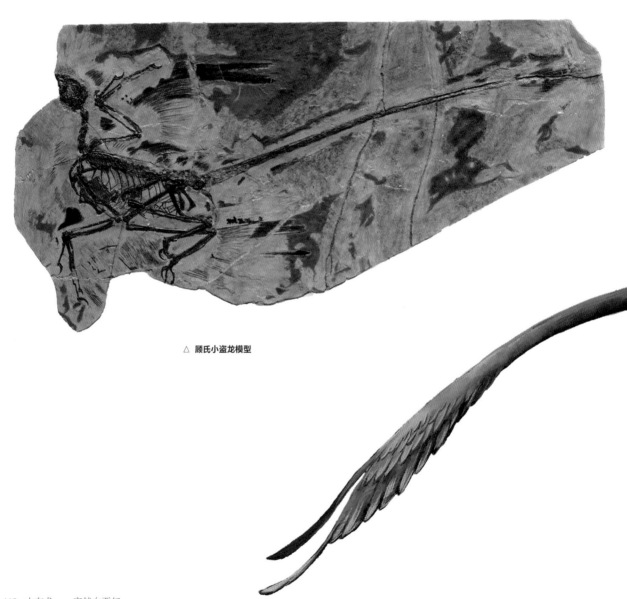

△ 顾氏小盗龙模型

＊ 顾氏小盗龙 ＊

● 学名：*Microraptor gui* Xu et al.,
2003
● 分类位置：蜥臀类 兽脚类
驰龙科 小盗龙属
● 时代：早白垩世 距今约1.25亿年
● 出土地点：辽宁 朝阳

△ 顾氏小盗龙复原图

✳ 印石板始祖鸟 ✳

● 学名：*Archaeopteryx*

　lithographica Meyer, 1861

● 分类位置：蜥臀类 兽脚类

　鸟翼类 始祖鸟科 始祖鸟属

● 时代：晚侏罗世 距今约1.5亿年

● 出土地点：德国 索伦霍芬

● 印石板始祖鸟

　　始祖鸟保留了爬行类的许多特征，如口含牙齿，尾椎多达20余节，肢骨骨壁厚，前肢掌骨不愈合，具3枚分离的指骨，指端具爪等。

　　在骨骼形态上，始祖鸟表现出一些与鸟类相似的特征，同时，它们的羽毛与现生鸟类相似，分化为初级飞羽、次级飞羽、覆羽和尾羽。

　　始祖鸟曾长期被视为爬行动物和鸟类之间完美的过渡环节，是最早的鸟类化石。但随着时代更古老、构造上更接近现生鸟类的化石相继被发现，始祖鸟作为鸟类始祖的地位已经动摇。

△ **印石板始祖鸟模型**

● 棕榈尾热河鸟

棕榈尾热河鸟的原始性仅次于始祖鸟，但其尾椎数量更多，代表了鸟类早期演化的一个古老类型。化石保存在两块对开的石板上，为基本相互连结的骨骼并带有尾羽。尾羽保存于长长的尾骨末端，呈细长的叶片状。在最初的研究中，腰带附近保存的5片羽毛印痕被认为是属于前肢的，研究人员推测是由于埋藏原因导致其保存在这个位置。后期基于对多件棕榈尾热河鸟标本的系统观察，研究人员首次确认棕榈尾热河鸟具有奇特的双尾羽构造：前端发育5～6根类似于现代鸟类的扇状尾羽，尾端保留11～13根十分类似于一些带羽毛恐龙（如尾羽龙、小盗龙）的较为细长的叶片状尾羽。前端的尾羽相对较粗，结合紧密，可能是帮助鸟类的身体保持流线型，减少飞行时的阻力；后端的尾羽比较细弱、分散，呈叶片状，形态显示没有空气动力的作用，很可能主要用于炫耀。

一件棕榈尾热河鸟化石中保存了集中在身体左侧的卵泡，这提示棕榈尾热河鸟只发育左侧卵巢，与现生鸟类一样。棕榈尾热河鸟的卵巢减少至一个，也可能是与飞行有关。

✳ 棕榈尾热河鸟 ✳

● 学名: *Jeholornis palmapenis*
O'Connor et al., 2012
● 分类位置: 鸟类 热河鸟属
● 时代: 早白垩世 距今约1.25亿年
● 出土地点: 辽宁 建昌

◁ 棕榈尾热河鸟

◁ 棕榈尾热河鸟复原图

4.4 恐龙的"灭绝"

据研究，显生宙至今的5.4亿年间发生了五次生物大灭绝。这五次生物大灭绝虽然具体原因众说纷纭，但可以肯定的是都与环境突变有密切关系。而每一次物种大规模灭绝后，都会有新的物种出现。

第三次

发生时间
距今2.5亿年前的二叠纪末期

后果
90%以上的物种灭绝，其中95%的海洋生物和70%的陆地脊椎动物灭绝

第四次

发生时间
距今1.85亿年前的三叠纪

后果
80%的爬行动物灭绝

第五次

发生时间
距今约6600万年前的白垩纪末期

后果
统治地球达1.4亿年的恐龙灭绝

第一次

发生时间
距今4.4亿年前的奥陶纪末期
后果
约有85%的物种灭绝

第二次

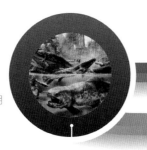

发生时间
距今3.65亿年前的泥盆纪晚期
后果
海洋生物均遭到重创

4.4.1 第五次生物大灭绝

第五次生物大灭绝又称白垩纪末期大灭绝，发生在6 600万年前，是距今最近的一次，导致侏罗纪以来长期统治地球的非鸟恐龙从地球上消失。也正因为如此，此次生物大灭绝最为著名。

在此次大灭绝中，恐龙类、翼龙类、沧龙类和蛇颈龙类完全灭绝，鳄类的大量种类消失。软体动物中仅菊石完全灭绝，这一群体繁盛了半个古生代和整个中生代，在白垩纪末期画上了句号。鱼类和两栖类是本次大灭绝中的幸运儿，大部分种类存活了下来。哺乳动物得以幸存。植物虽然受到光照影响，成为第一批大量死亡的生物，但其恢复速度也较快，在短时间的衰退之后随即迎来了复苏。

第五次生物大灭绝标志着中生代的结束，恐龙等爬行动物的灭绝为其他生物空出了大量的生态位，哺乳类和鸟类从此迎来了大发展，地球进入了新生代。

造成这次大灭绝的原因存在多种解释，其中最主流的解释有两种：小行星撞击事件和印度德干"超级火山喷发"事件。

小行星撞击事件：在墨西哥尤卡坦半岛北部的希克苏鲁伯陨石坑遗迹被认为是小行星的撞击点之一。陨石坑整体略呈椭圆形，平均直径约为180千米，由此推算出造成坑洞的陨石本身直径约为10千米。除希克苏鲁伯陨石坑之外，人们还陆续发现了多个较小的陨石坑，它们的撞击时间均在白垩—古近纪时间点附近。这显示了此次撞击事件可能不是一次撞击，而是一系列小行星碎片的多次撞击。

印度德干"超级火山喷发"事件：一些科学家认为位于今天印度的德干高原在白垩纪末期曾发生了大规模的地下岩浆活动，引发大面积火山喷发并释放出巨量的二氧化碳，短时间内的温室气体大幅增加造成了强烈的温室效应，改变了全球的气候，造成不适应气候迅速变化的恐龙大量灭绝。岩浆活动还向大气中注入了大量的二氧化硫、硫化氢等气体。前者引发了严重的酸雨，造成土壤酸化，在影响陆地植物生存的同时还引发了海洋酸化；后者则具有很强的毒性，快速毒杀了火山喷发地区周边的大量生物。今天德干高原厚度近两千米的玄武岩层被认为是这次火山喷发事件真实存在的证据。

4.4.2 恐龙灭绝了吗？

第五次生物大灭绝因恐龙的灭绝而闻名，但实际上鸟类是由兽脚类恐龙的一支演化而来的，是这部分恐龙的"直系后裔"，因此，我们现在谈及的恐龙灭绝，更准确地说应该是非鸟恐龙的灭绝。

恐龙同伴

恐龙同伴

在恐龙诞生并开始徜徉陆地之前，形形色色的海生爬行动物早已称霸三叠纪的海洋，但是它们中的大部分却在三叠纪晚期走向衰落，只有沧龙类和蛇颈龙类陪伴着恐龙一直生存到白垩纪末期。另外，这个时期的翼龙翱翔天空，成为统治天空的霸主。尽管我们常用"龙"去称呼这些中生代的海、空霸主，但它们却选择了不同于恐龙的生存环境与演化路径，并不属于恐龙的范畴。在此期间由于恐龙及其他爬行动物以绝对优势占据了海陆空的各个生态位，早期的哺乳动物只能"韬光养晦"，等待着一个"新时代"的到来。

5.1 中生代的海生动物

三叠纪早、中期的海洋先后被比耶鱼、龙鱼和各种鱼龙所主宰。三叠纪晚期比耶鱼和龙鱼开始衰落，深邃的海洋陆续被鱼龙、蛇颈龙等海生爬行动物主宰。

白垩纪晚期一支陆生爬行动物——古海岸蜥涉足海洋，并在几百万年的时间内迅速演化发展壮大，成为中生代末期当之无愧的海洋霸主——沧龙类。

5.1.1 中生代的鱼类

中生代的鱼类分为硬骨鱼和软骨鱼两大类。二叠纪大灭绝使得原有的硬骨鱼与软骨鱼的优势地位发生了逆转，二叠纪极为繁盛的各种软骨鱼在三叠纪早期种类和数量大幅减少，而硬骨鱼尤其是辐鳍鱼类在三叠纪早期迅速恢复，演化出各种新种类。软骨鱼直至侏罗纪才逐渐恢复，并在白垩纪再度壮大。

● 中生代的硬骨鱼

硬骨鱼可分为辐鳍鱼亚纲和肉鳍鱼亚纲，三叠纪是辐鳍鱼发展壮大的时期，三叠纪早期大量生态位的空缺为辐鳍鱼提供了发展的机会。辐鳍鱼凭借其繁殖迅速、种群数量大、适应能力强的特点，迅速辐射演化。其中三叠纪早期和中期的比耶鱼体长可达2米以上，在动物普遍小型化的三叠纪早期海洋中成为顶级掠食者，是辐鳍鱼进化史上的"高光时刻"。硬骨鱼的另一大类肉鳍鱼亚纲，早在石炭纪便已衰落，中生代早期肉鳍鱼种类和数量均较少，但在白垩纪肉鳍鱼亚纲的肺鱼类和腔棘鱼类有所增加，迎来了相对繁盛的时期。

龙鱼作为辐鳍鱼亚纲的一类，是三叠纪海洋中的高级掠食者，体型狭长，下颌尖锐细长，占体长的三分之一，这种体型能够有效地减少龙鱼在海水中的阻力，使龙鱼能够以很高的速度在海洋中游动，进而迅速地捕杀猎物。

△ **长奇鳍中华龙鱼**（*Sinosaurichthys longimedialis*）
中三叠世 贵州盘州

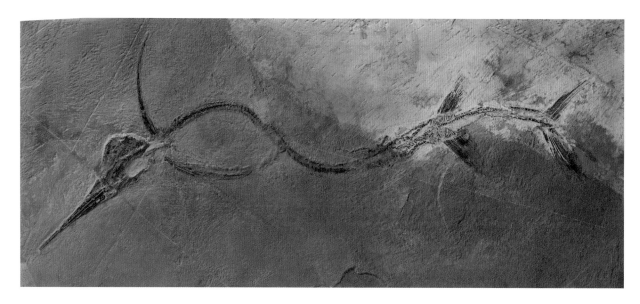

△ **长胸鳍中华龙鱼**（*Sinosaurichthys longipectoralis*）
中三叠世 云南罗平

三叠纪的海洋中，除了比耶鱼、龙鱼这些掠食者，还有古鲭类、古鳕类（包括裂齿鱼类）等鱼类，它们都属于辐鳍鱼的软骨硬鳞类。软骨硬鳞类是辐鳍鱼中较为原始的一类，它们自三叠纪中期之后走向了衰落并逐步被新鳍鱼类取代。

△ **苏氏罗平裂齿鱼**（*Luopingperleidus sui*）
中三叠世 云南罗平

△ **张氏翼鳕**（*Pteronisculus changae*）
中三叠世 云南罗平

△ **小鳞贵州鳕**（*Guizhouniscus microlepidus*）
中三叠世 云南富源

新鳍鱼类是辐鳍鱼的一个较为进化的类群，按照不同的分类方法，可将其分为全骨鱼和真骨鱼。可以说，我们今天所能见到的绝大部分硬骨鱼，都是中生代多种新鳍鱼的后代。

意外裸鱼体型中等大小，体表无鳞，椎体未骨化，髓棘和髓弓的结构和排列方式以及牙齿和尾脉棘的形状都与金尾鱼类一致。系统发育分析结果表明，意外裸鱼属于金尾鱼类的基干类群。意外裸鱼的发现不仅使金尾鱼类的出现提前了4 000万年,还填补了我国相关材料的空缺。

△ **意外裸鱼**（*Gymnoichthys inopinatus*）
中三叠世 云南罗平

小巧漏卧鱼是三叠纪新鳍鱼类中比较特殊的类群，属于食腐性鱼类。它的头骨形态十分特别，颅顶骨骼几乎愈合成一整块，前鳃盖骨下部前倾，上颌较短、后端膨大，下颌纤细，口缘前半部分具有异乎寻常的长而尖的牙齿。小巧漏卧鱼的体长只有3厘米左右，很不起眼，但却是海洋生态系统中的重要一环，因为它们通过进食与消化，可以比微生物更快速地分解其他动物（如其他鱼类以及海生爬行动物）的遗骸，是海底的清洁工，对整个海洋生态系统的正常运行起着非常重要的作用。

△ **小巧漏卧鱼**（*Louwoichthys pusillus*）
中三叠世 云南罗平

胸鳍鱼是能够跃出水面滑行一段距离的较为特殊的新鳍鱼类，类似现代的飞鱼。精美乌沙鱼就是这一类群中最原始最古老的化石记录，据推测它可能还不具备空中滑行的能力，但是已经具有了特化的头部和延长的下尾叶。

△ **精美乌沙鱼**（*Wushaichthys exquisitus*）
中三叠世 贵州兴义

格兰德弓背鱼是目前发现的最早的雀鳝类新鳍鱼，形态特殊，身体短而高，头与背鳍之间有一明显的拱形凸起。

△ **格兰德弓背鱼**（*Kyphosichthys grandei*）
中三叠世 云南罗平

● 中生代的软骨鱼

中生代的软骨鱼可分为板鳃类和全头类。二叠纪末期的大灭绝对软骨鱼的影响极大，约98%的软骨鱼物种灭绝。三叠纪早期和中期软骨鱼种类和数量较少。三叠纪较为常见的软骨鱼是弓鲛类，侏罗纪则是真鲨类。白垩纪是软骨鱼的另一个繁盛时期，弓鲛类、真鲨类、角鲨类、新鲛类和鳐类都是白垩纪软骨鱼的重要类群。

白垩纪时期，鲨鱼是海洋食物链的重要组成部分，部分鲨鱼成为顶级掠食者，如白垩刺甲鲨。白垩刺甲鲨外形颇似现生的大白鲨，但比现今的大白鲨更大，体长可达7.5米，化石记录显示它们可猎食多类水生动物，如小型沧龙、小型蛇颈龙、剑射鱼及原盖龟类。

中生代的重要软骨鱼还有鳐鱼和魟鱼，它们都是中生代海洋生态系统的重要组成部分。

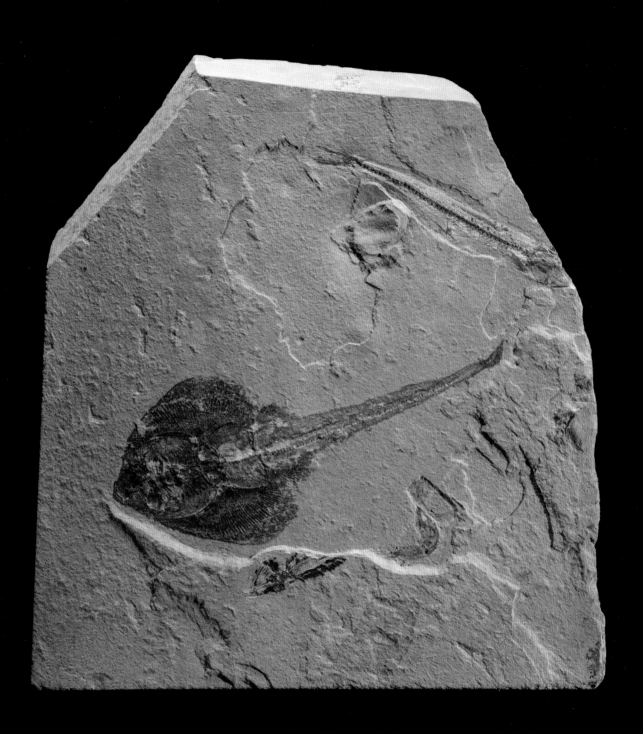

△ 鳐鱼 (*Rhombopterygia rajoides*)
晚白垩世 黎巴嫩

△ **犁头鳐**（*Rhinobatos maronita*）
晚白垩世 黎巴嫩

△ **短尾魟和鱼类**（*Cyclobatis oligodactylus*）
晚白垩世 黎巴嫩

△ **短尾魟**（*Cyclobatis oligodactylus*）
晚白垩世 黎巴嫩

5.1.2 中生代的海生爬行动物

脊椎动物用了至少1.7亿年才完成从水生到陆生的转变，而爬行动物由陆地重返水中大约只用了5 500万年，它们的演化跨越整个中生代，发展出鱼龙类、楯齿龙类、蛇颈龙类和沧龙类等类群，每一类都有非常不同的水生适应方式。

● 胡氏贵州龙

胡氏贵州龙是一种生活在三叠纪中期的海生爬行动物。它们头骨较小，具有长长的脖子和尾巴，四肢尚未退化成鳍脚。1957年，古生物学家胡承志在贵州省发现了这种爬行动物的化石，研究者杨钟健将其命名为胡氏贵州龙。

2004年，研究人员在两件胡氏贵州龙标本体腔内发现10枚胚胎化石，证明其为卵胎生动物。胡氏贵州龙生殖方式之谜的揭示为确定其性别提供了依据。此前，研究人员通过对比分析，发现不同个体存在解剖形态和大小差异，并推测这些很可能是性别差异，但不能由此确定雌雄。在生殖方式的证据被发现后，这一谜团得以揭开。雄性胡氏贵州龙个体较大，肱骨表面有嵴棱，肱骨明显长于股骨，肱骨与股骨长度之比可达1.21～1.33；雌性胡氏贵州龙个体较小，肱骨表面平滑圆润，肱骨只稍长于股骨，肱骨与股骨长度之比为1.05～1.16。

※ 胡氏贵州龙 ※

● **学名**：*Kueichousaurus hui*
Young, 1958
● **分类位置**：鳍龙类 肿肋龙科
贵州龙属
● **时代**：中三叠世 距今约2.4亿年
● **出土地点**：贵州 兴义

△ **胡氏贵州龙（雄性）**

△ **胡氏贵州龙（雌性）**

● 邓氏萨斯特鱼龙

邓氏萨斯特鱼龙化石长约4.5米，是发现于贵州关岭法郎组瓦窑段的两种大型鱼龙类化石之一。邓氏萨斯特鱼龙头骨的吻部窄而狭长，上颌齿列长，牙齿数量多，下颌齿列短，牙齿只生在齿骨的前半部分；颈椎短；四肢已特化成鳍状，但内部结构仍然保留了脊椎动物肢骨的一般解剖结构；后部尾椎向下弯曲，深入新月状尾部的下叶，在游泳时尾部作为推进器提供动力。

在三叠纪中期，一群陆栖爬行动物逐渐回到海洋中生活，演化为鱼龙类。鱼龙类有着流线型的体形和桨状的四肢，与海豚的外形有些相似，是一类高度适应水生生活的大型海生爬行动物。鱼龙类最早出现于约2.45亿年前，在侏罗纪繁盛，分布广泛，距今约9 000万年前灭绝。产自德国的一件关键标本保存了鱼龙产子的瞬间，为鱼龙类卵胎生的生殖方式提供了证据。

❋ 邓氏萨斯特鱼龙 ❋

● 学名：*Shastasaurus tangae*

Cao & Luo, 2000

● 分类位置：鱼龙类

萨斯特鱼龙科 萨斯特鱼龙属

● 时代：晚三叠世 距今约2.28亿年

● 出土地点：贵州 关岭

△ 邓氏萨斯特鱼龙

● 黄果树安顺龙

　　黄果树安顺龙是一种体形较大的海龙类，尾部特别长，可以占整个身体长度的一半以上；头骨为长吻型，上下颌牙齿尖锐，推测其以捕食中小型鱼类为生；颈部明显，颈长大于头长，颈椎15枚；四肢形态基本没有因为适应水生生活而改变，依然适合陆地行走，故推测这类动物不具有远洋生活的能力，一般在近岸的浅海区活动。黄果树安顺龙在水中可以依靠尾部的侧向摆动推动身体前进。

△　黄果树安顺龙头骨

❋ 黄果树安顺龙 ❋

● **学名**: *Anshunsaurus*
  huangguoshuensis Liu, 1999
● **分类位置**: 海龙类
  阿氏开普吐龙科 安顺龙属
● **时代**: 晚三叠世 距今约2.28亿年
● **出土地点**: 贵州 关岭

△ **黄果树安顺龙**

● **盘县混鱼龙**

　　盘县混鱼龙是三叠纪中期海洋中分布最广的生物之一。它的外形与海豚相似，嘴巴尖且长，嘴里有尖利的小牙齿，脑袋两侧巨大的眼睛可以帮助它们在水中看清猎物和敌人，身体两侧长有四只鳍状肢，身体后端还有一只向下生长的尾鳍。

△　**盘县混鱼龙**

● 古海岸蜥

古海岸蜥又称崖蜥，生存于距今约9 500万年的白垩纪晚期，由于其体型较小，活动和捕食能力亦不如一些恐龙类，因此它们的生存始终面临着陆地上的恐龙的威胁，只能占据一些边缘的生态位。后期经历300万年的演化，古海岸蜥成为半水生的达拉斯蜥蜴，仍然具有在近岸陆地爬行的能力。这一类群又经历了600万年左右的演化，四肢逐渐演变出蹼足，失去了在陆地上行动的能力，变成了真正的海生爬行动物——沧龙类。

△ **古海岸蜥头骨及部分脊椎**（*Aigialosaur* sp.）
晚白垩世 摩洛哥

● **板踝龙**

　　板踝龙是沧龙类的一属，分布范围较广，因拥有扁平如板的腕部而得名"板踝龙"。它在沧龙类中属于中等体型，身长约4.3米，拥有长而窄扁的尾部和鳍状肢，颌部密布牙齿，主要捕食鱼类、乌贼和菊石类等。

△ **板踝龙头骨**（*Platecarpus* sp.）
晚白垩世 摩洛哥

● 球齿龙

　　球齿龙是沧龙类的一种海洋爬行动物。与其他牙齿锋利的沧龙类不同，球齿龙的牙齿为半圆状，这种构造更适合咬破菊石、鹦鹉螺等软体动物的外壳。

　　沧龙类在白垩纪末期是真正的顶级掠食者。最大的沧龙类体长可达15米，身体呈长桶状，四肢已演化成鳍状肢，前肢有五趾，后肢有四趾，前肢比后肢强壮，短粗而有力的鳍肢使它可以在水中迅速改变方向。沧龙类的尾部可达身长的一半，为宽阔平坦的竖桨状，尾椎骨上下都有扩张的骨质椎体，组成了强力的游泳工具。

　　沧龙类在白垩纪末期生物大灭绝的前夕仍处在快速进化阶段，身体仍残留一些陆生爬行动物的特征，还远没有发展成为海生爬行动物的"终极形态"——类鱼形。

◁ **球齿龙牙**（*Globidens* sp.）
晚白垩世 摩洛哥

● 滑齿龙

滑齿龙是侏罗纪晚期的一种海洋爬行动物，属于蛇颈龙类。这种海洋爬行动物拥有平滑锋利的侧边牙齿，四只健壮的鳍推进它们庞大的身躯在海水中运动。在不少同时期的海洋动物骨骼化石上都曾发现过滑齿龙的咬痕，它们是侏罗纪的海洋霸主。

△ **滑齿龙肢骨**（*Liopleorodon* sp.）
侏罗纪 英国

5.1.3 海百合

　　中生代的海洋里，除了有各种爬行动物和鱼类，还有各种各样的其他海洋生物，如棘皮动物门的海百合就是其中颇具特色的一类。海百合因其外形类似百合花而得名，表面覆石灰质的壳，通过随水流飘荡的多条长长的腕足捞取海中浮游生物。海百合常会将身体末端悬挂在浮木上或固着于海底，形成庞大的群落，组成壮观的"海百合森林"。

> ＊ 许氏创口海百合 ＊
> - 学名：*Traumatocrinus hsüi*
> - 分类位置：棘皮动物 海百合纲
> - 时代：晚三叠世 距今约2.28亿年
> - 出土地点：贵州 关岭

△ **许氏创口海百合化石腕足**（*Traumatocrinus hsüi*）
三叠纪 贵州关岭

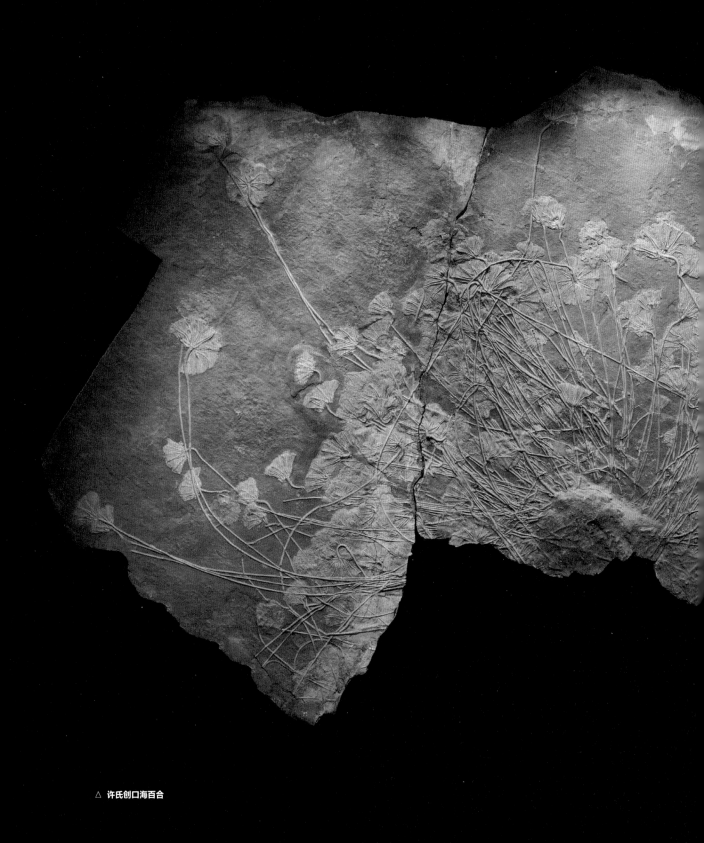

△ 许氏创口海百合

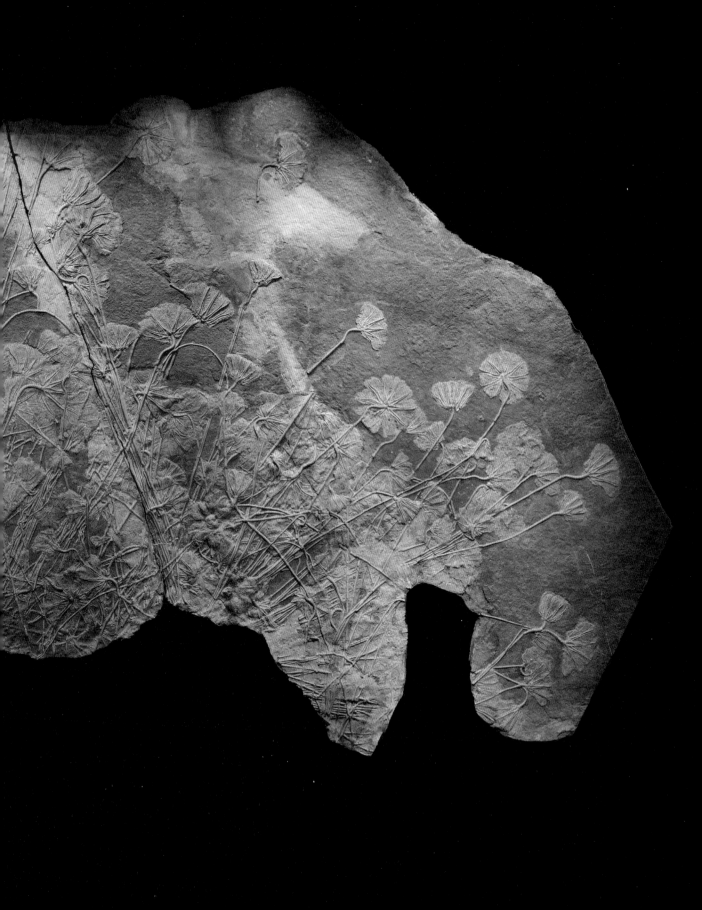

5.1.4 菊石

　　菊石是一类古老的软体动物，最早出现于奥陶纪晚期，是中生代海洋生态系统的重要组成成分，也是很多海生爬行动物的重要食物。

　　中生代是菊石高度繁盛的时期，演化出极为繁多的种类。菊石的形态大小各异，最小的仅有1厘米左右，最大的仅壳的直径就超过2.5米。三叠纪时齿菊石类最为常见，侏罗纪和白垩纪时则以叶菊石类和弛菊石类为主。

△ **玛拉加什旋菊石**（*Malagasites frequens*）
侏罗纪 西藏定日

△ **星菊石**（*Asteroceras obtusum*）
侏罗纪 英国

▷ **希尔达菊石**（*Hildaites serpentinum*）
早侏罗世 英国

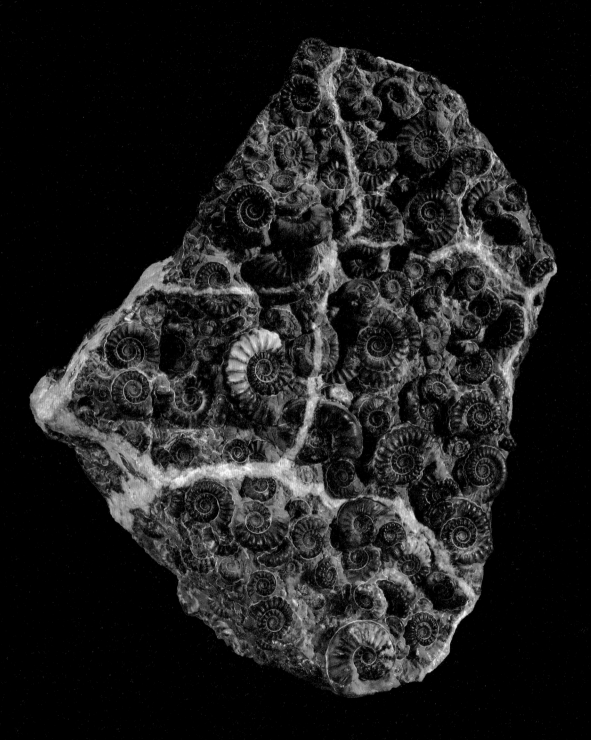

△ 原微菊石（*Promicroceras marstonense*）
侏罗纪 英国

△ **黄铁矿斑彩菊石（** *Caloceras johnstoni* **）**
侏罗纪 英国

5.2 翼龙

5.2.1 翱翔蓝天的先驱

翼龙类出现在三叠纪晚期，是恐龙类的近亲，是最早演化出翅膀，飞上天空的脊椎动物，比鸟类早了约7 000万年。当恐龙称霸着陆地时，翼龙已占据了天空。为了适应飞翔，翼龙具有许多类似鸟类的骨骼特征，如头骨多孔、骨骼中空、胸骨及其龙骨突发达等。它们多生活在河流、湖泊与浅海附近，以昆虫、鱼类、小型动物（包括幼年恐龙）等为食。

翼龙类可以分为喙嘴龙类与翼手龙类。喙嘴龙类生活在侏罗纪，比较原始，有一条很长的尾巴；翼手龙类主要生活在白垩纪，脖子较长，尾巴较短，有的翼手龙类甚至没有尾巴。

魏氏准噶尔翼龙属于翼手龙类，两翼展开可达4米；上、下颌前部和后部无齿，牙齿仅分布在中间；头顶有发育明显的脊并向后延伸，前肢发达，后肢相对弱小，尾巴短。

无齿翼龙属于翼手龙类，生活在白垩纪晚期的北美洲。翼展可达7米，上、下颌均无牙齿，而且非常长。无齿翼龙的躯干部分占整个身体的比例很小，四肢看起来很健壮，但骨骼完全中空，其壁厚仅约1毫米。

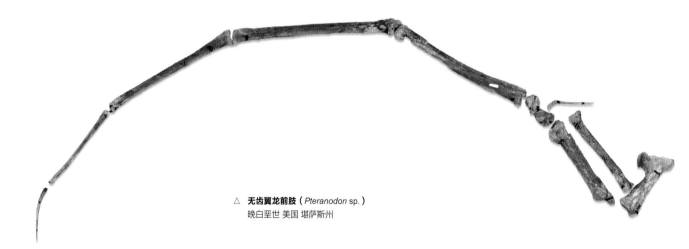

△ **无齿翼龙前肢**（*Pteranodon sp.*）
晚白垩世 美国 堪萨斯州

△ 魏氏准噶尔翼龙

5.2.2 翼龙是恐龙吗？

翼龙不是恐龙，它们的进化主线与恐龙不同，只能算是近亲。翼龙类和恐龙类的头骨都是双孔结构，同属爬行动物。从解剖学的特点来看，恐龙类腰带在髂骨、坐骨、耻骨之间留下了一个小孔，翼龙类则没有。从行走方式和生活习性来看，恐龙类以后肢支撑身体直立行走，生活在陆地；翼龙类不能直立行走，但能在空中飞行。

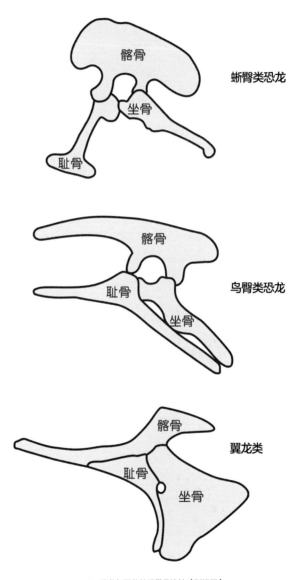

△ 恐龙与翼龙的腰带骨比较（侧视图）

5.2.3 鸟类、蝙蝠与翼龙类的前肢比较

同为飞向蓝天的脊椎动物，鸟类的前肢为长有羽毛的翅膀；蝙蝠的前肢中第二到第五指加长，支撑着皮质翼膜；翼龙类的前肢第四指加长变粗成为飞行翼指，由四节翼指骨组成，前端没有爪，与前肢共同构成飞行翼的坚固前缘，支撑并联结着身体侧面和后肢的膜，形成能够飞行的皮质翼膜。

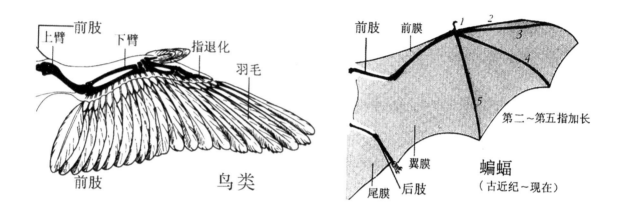

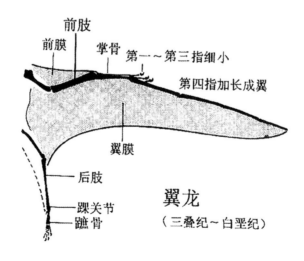

△ 翼龙、鸟类与蝙蝠的前肢比较

5.3 中生代的其他陆生动物

✳ 巨爬兽 ✳

● 学名: *Repenomamus giganticus*
Hu et al., 2005
● 分类位置: 哺乳纲 真三尖齿兽
类 爬兽科 爬兽属
● 时代: 早白垩世 距今约1.25亿年
● 出土地点: 辽宁 北票

　　中生代的陆地上，除了占据统治地位的多种恐龙外，其他动物也在不断地发展和演化，它们在与恐龙同台竞技中虽不占上风，但却是中生代陆地生态系统中不可缺少的组成部分。

　　在恐龙出现的同时，哺乳动物也登上了生命演化的舞台。恐龙时代的哺乳动物多是些像鼠一样的小动物，它们真正的兴起是在恐龙灭绝后的新生代。在恐龙生活的同时期，爬兽却是个例外，它居然能够吞食恐龙的幼崽。研究人员在已发现的强壮爬兽（*Repenomamus robustus*）化石的胃中，就找到了它吞食后尚未消化的幼年鹦鹉嘴龙的骨骼。

△ **巨爬兽**（*Repenomamus giganticus*）
早白垩世 辽宁北票

巨爬兽是中生代已知的最大的哺乳动物，体长超过1米，体重达14千克。巨爬兽有粗壮的门齿，发达的咬肌，半直立奔走姿态，研究人员据此推测巨爬兽为主动的捕食者，而不是腐食者。

中生代是两栖动物中的无尾类（蛙和蟾）迅速发展的时期，两栖动物的地位和当时的哺乳动物类似，体型较小，仅占据一些边缘的生态位。宝山格尼蟾是生活在白垩纪早期的无尾类两栖动物，体长约8厘米，头骨宽大，后肢长而前肢较短，前肢长度约为后肢的40%，上颌长有大约50颗细小且间隔很近的牙齿，下颌没有牙齿。

作为一种相当特化的爬行动物，龟类最早出现的时间尚有争议：有些研究人员认为龟类最早的祖先类群是二叠纪晚期的正南龟，而另一些研究人员则认为真正意义上的龟类出现于三叠纪。无论起源于何时，中生代都是龟类发展完善的一个重要时期。目前，研究人员发现的生活在白垩纪早期的凌源热河龟尽管距今超过一亿年之久，但与现生的龟类在身体结构上并没有很大的差别。

▽ **宝山格尼蟾**（*Genibatrachus baoshanensis*）
白垩纪 内蒙古呼伦贝尔

△ **凌源热河龟**（*Jeholochelys lingyuanensis*）
白垩纪 辽宁凌源

5.4 藏在琥珀中的生物

　　琥珀是古代植物的树脂埋藏于地底，经过漫长的地质作用，散失了水分和挥发性有机物之后形成的固态树脂化石，里面常常包裹着动植物等生物体，或砂粒、各种杂质等非生物体。与岩层中的生物化石不同，琥珀中的生物体保存着立体结构和丰富的细节，是古生物研究的极佳材料，也是大自然留给我们的天然"时光胶囊"。

　　下面展示的琥珀保存了恐龙同时代的昆虫、植物等生物，是恐龙时代生物多样性的有力证据。

△ **蜘蛛与脉翅目鳞蛉科昆虫**
晚白垩世 缅甸

△ **鞭蝎**
晚白垩世 缅甸

△ **长扁甲科**
晚白垩世 缅甸

△ **短脉螽科**
晚白垩世 缅甸

△ **螳螂**
晚白垩世 缅甸

△ **石蛾**
晚白垩世 缅甸

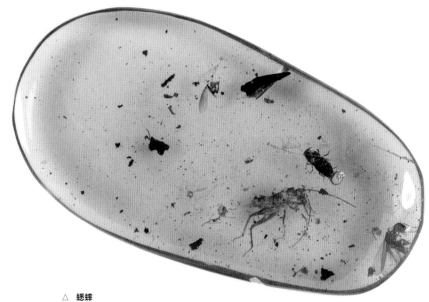

△ **蟋蟀**
晚白垩世 缅甸

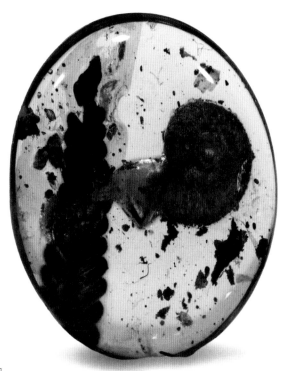

△ **蜗牛**
晚白垩世 缅甸

△ **水杉与翅果**
晚白垩世 缅甸

△ **被子植物花**
晚白垩世 缅甸

参考文献

本顿.古脊椎动物学.董为,译.4版.北京:科学出版社,2017:159-340.

程心,王强,王建华.莱阳白垩纪恐龙化石发现纪实.科学世界,2011, (8):42-47.

董枝明,尤海鲁,彭光照.中国古脊椎动物志:第2卷,两栖类、爬行类、鸟类:第5册（总第9册）,鸟臀类恐龙.北京:科学出版社, 2015:1-177.

胡承志,程政武,庞其清等著.巨型山东龙.北京: 地质出版社,2001:1-116.

姬书安,薄海臣.鹦鹉嘴龙类皮肤印痕化石的发现及其意义.地质评论,1998,44(6):603-606.

蒋顺兴,王强,张嘉良. 莱阳白垩纪地质演化与地质遗迹.科学世界,2011, (8):12-21.

李日辉,李建军,邢立达.中国恐龙足迹化石图谱. 青岛:青岛出版社,2019: 369-490.

莫进尤,王克柏,陈树清,等.山东晚白垩世:新的巨龙类恐龙.地质通报,2017,36（9）:1501-1505.

孙承凯,刘立群,张晓南.大自然的馈赠. 文物天地,2017,307:4-7.

孙承凯.山东恐龙化石的发现与研究.人文天下,2012,09:73-78.

吴肖春,李锦玲,汪筱林,等.中国古脊椎动物志:第2卷,两栖类、爬行类、鸟类:第4册（总第8册）,基干主龙型类、鳄型类、翼龙类.北京:科学出版社,2017:114-246.

王克柏,张艳霞,陈军,等.山东诸城地区晚白垩世:新的甲龙类恐龙. 地质通报,2020,39(7):958-962.

徐星,赵喜进.鹦鹉嘴龙化石研究及其地层学意义// 王元青,邓涛.第七届中国古脊椎动物学学术年会论文集.北京:海洋出版社,1999:75-80.

尤海鲁. 中国恐龙研究的开始//中国古生物学会.中国古生物学会第十次全国会员代表大会暨第25届学术年会:纪念中国古生物学会成立80周年论文摘要集.[出版者不详],2009:309-310.

张嘉良,王强,蒋顺兴,孟溪. 莱阳白垩纪化石生物群.科学世界,2011, (8):22-41.

赵资奎,王强,张蜀康.中国古脊椎动物志:第2卷,两栖类、爬行类、鸟类:第7册（总第11册）,恐龙蛋类.北京:科学出版社,2015:1-169.

HU D Y,HOU L H, ZHANG L J, et al. A pre-Archaeopteryx troodontid theropod with long feathers on the metatarsus. Nature:2009,461, 640–643.

HONE D W E, WANG K B, SULLIVAN C,et al. A new, large tyrannosaurine theropod from the Upper Cretaceous of China. Cretaceous Research:2011,32(4):495–503.

HE Y M, MAKOVICKY P J, WANG K B, et al. A new Leptoceratopsid (Ornithischia, Ceratopsia) with a Unique Ischium from the Upper Cretaceous of Shandong Province,China. PLoS ONE:2015,10(12): e0144148. doi:10.1371/journal.pone.0144148.

O'CONNOR J K, SUN C K, XU X,et al. A new species of Jeholornis with complete caudal integument.Historical Biology: 2012, 24(1):29-41.

POROPAT STEPHEN F.Carl Wiman's sauropods: The Uppsala Museum of Evolution's collection. Gff Uppsala:2013,135(1):104-119.

WANG S,SUN C K, SULLIVAN C,et al. A new oviraptorid (Dinosauria: Theropoda) from the Upper Cretaceous of southern China.Zootaxa:2013, 3640 (2): 242-257.

XU X,ZHOU Z H,WANG X L,et al. Four-winged dinosaurs from China. Nature: 2003,421:335-340.

XU X,ZHAO Q,NORELL M,et al. A new feathered maniraptoran dinosaur fossil that fills amorphological gap in avian origin. Chinese Science Bulletin: 2009,54, 430–435.

XU X, WANG K B, ZHAO X J,et al. First ceratopsid dinosaur from China and its biogeographical implications. Chinese Science Bulletin:2010, 55 (16):1631-1635.

XU X, WANG K B, ZHAO X J,et al. A new Leptoceratopsid (Ornithischia: Ceratopsia) from the Upper Cretaceous of Shandong, China and its implications for neoceratopsian evolution. PLoS ONE: 2010,5(11):e13835. doi:10.1371/journal.pone.0013835.

YU Y L, WANG K B, CHEN S Q,et al. A new caenagnathid dinosaur from the Upper Cretaceous Wangshi Group of Shandong,China, with comments on size variation among oviraptorosaurs. Scientific Reports:2018,8:5030.

后记

本书为山东博物馆基本陈列"山东龙——穿越白垩纪"配套科普图录。

山东博物馆新馆开放后，一直有热心观众来电询问，曾在广智院和千佛山馆展出的恐龙到哪里了？什么时候能够再展出？观众的期盼，是我们工作的最大动力。在山东省文化和旅游厅的大力支持下，山东博物馆领导统筹部署，积极安排，恐龙展得以顺利开展。

展览依托山东地区丰富的恐龙化石资源，根据最新的研究成果，运用裸眼3D、VR、科学绘画、实景小模型等多种手段，再现形态各异的恐龙及其生境，解读它们的身体结构、习性和演化。同时，展览全面回顾了山东恐龙发现与研究的历史，凸显了山东在中国恐龙研究中的重要地位，展现了古生物学家忘我付出的身影，弘扬了代代相承、一丝不苟的科学精神。

展览由郑同修馆长总负责，杨波、杨爱国、王勇军副馆长具体执行。展览内容主要由孙承凯承担，刘立群、任昭杰、刘勇、卫松涛、贾强、刘明昊、焦猛、李萌、石飞翔、张月侠、赵奉熙等在大纲完善、标本挑选和拍照、专家访谈视频拍摄及现场布展等工作中付出了辛勤的劳动。李小涛负责展览前言和各单元标题的英文翻译。展览形式设计由殷杰琼和陈阳负责，孙友德和涂强在教育项目的设计和活动推广上下了很大功夫。

中国科学院古脊椎动物与古人类研究所董枝明、赵资奎、徐星、汪筱林、尤海鲁和中国地质调查局青岛海洋地质研究所李日辉接受邀请，为展览拍摄了独家访谈视频。

本书由孙承凯编写，刘立群、刘明昊、贾强做了修改和补充，刘明昊增加了中生代鱼类的相关内容，贾强补充了标本档案的相关信息，阮浩和周坤拍摄了标本照片。山东博物馆杨波、杨爱国副馆长对本书提出了建设性意见；中国科学院古脊椎动物与古人类研究所徐星、汪筱林、王强，广西自然博物馆莫进尤，诸城市恐龙文化研究中心张艳霞提供了其研究论文和著作中的标本照片或图片；山东画报社侯新建授予了所拍摄照片的使用权；莱阳白垩纪国家地质公园管理服务中心王正东、浙江自然博物院金幸生在标本和文本科学信息方面给予了热情帮助；中国科学院古脊椎动物与古人类研究所尤海鲁审定了全书文稿。在此一并表示诚挚的谢意！

限于学识水平，加之成书时间仓促，本书难免尚有不尽如人意之处，敬请读者批评指正。

编者

2022年10月25日

展厅场景图

侯新建 摄

探秘恐龙

巨型山东龙